Wolfgang Kuhn

Stolpersteine des Darwinismus

– Ende eines Jahrhundertirrtums

«Doch frag nur die Tiere, sie lehren es dich, die Vögel des Himmels, sie künden es dir. Rede zur Erde, sie wird dich lehren, die Fische des Meeres erzählen es dir. Wer wüsste nicht bei alledem, dass die Hand des Herrn dies gemacht hat? In seiner Hand ruht die Seele allen Lebens und jedes Menschenleibes Geist.»

Ijob 12, 7-10

«Die Welt ist nichts weiter als die fortschreitende Offenbarung Gottes!»

J. S. Haldane, bedeutender Physiologe,
Biologe und Naturphilosoph († 1936)

VIA·VERITAS·VITA

Wolfgang Kuhn

WOLFGANG KUHN

Stolpersteine des Darwinismus

Ende eines Jahrhundertirrtums

CHRISTIANA-VERLAG
STEIN AM RHEIN

Wolfgang Kuhn, geb. 1928, Dr. rer. nat. und Professor für Biologie und ihre Didaktik an der Universität Saarbrücken, studierte von 1948-1954 in Frankfurt/Main Biologie, Chemie, Geographie und Philosophie. Sein besonderes Interesse galt schon immer den Grenzfragen zwischen Biologie und Philosophie bzw. Theologie. Neben Biologie-Lehrbüchern hat er eine «Methodik und Didaktik des Biologieunterrichtes» sowie zwei Bände «Exemplarische Biologie in Unterrichtsbeispielen», ein Lehrerhandbuch zur Humanbiologie, mehrere Arbeitshefte und gegen 200 Beiträge in pädagogischen Fachzeitschriften veröffentlicht. Daneben schrieb und moderierte er Schul-Fernsehsendungen und Hörfunksendungen.

Im Christiana-Verlag sind erschienen:

Zwischen Tier und Engel –
Die Zerstörung des Menschenbildes durch die Biologie
Schöner als Salomons Pracht – *Spuren Gottes in der Schöpfung*
Groß sind Deine Werke – *Gottes Handschrift in der Schöpfung*
Von der Weisheit der Unvernünftigen –
Instinktleistungen als angeborene «Intelligenz»

Bildlegenden:
Erste Umschlagseite: Orchidee Paphiopedilum (Venusschuh).
Tropisches Ostasien und Neuguinea.
Vierte Umschlagseite: Käferarten der Familie Blatthornkäfer

Fotonachweis:
Nr. 11 und Nr. 17: R. Möller/Lauterbach.
Alle übrigen Aufnahmen stammen vom Verfasser

3. überarbeitete und erweiterte Auflage 1999

CH-8260 STEIN AM RHEIN/SCHWEIZ

Satz und Layout: Christiana-Verlag
Druck: Schmid-Fehr AG, Goldach/St. Gallen
Printed in Switzerland

Die Deutsche Bibliothek - CIP-Einheitsaufnahme

Kuhn, Wolfgang: Stolpersteine des Darwinismus :
[Ende eines Jahrhundertirrtums] / Wolfgang Kuhn.
- 3. Aufl. - Stein am Rhein : Christiana-Verl., 1999
ISBN 3-7171-1072-1

Inhaltsverzeichnis

O großer Geist,

dessen Stimme wir in der milden Brise vernehmen
und dessen Atem der Welt das Leben schenkt:
Wir haben Deine Kraft und Weisheit nötig.

Lass uns in Schönheit einhergehen,
lass unsere Augen das purpurne Rot
der untergehenden Sonne für immer
aufnehmen und bewahren.

Mach uns weise, dass wir erkennen,
was Du uns gelehrt hast.
Hilf uns den Sinn verstehen,
den Du in jedem Blatt und Stein verborgen hast.

Mach uns immer bereit, vor Dich zu treten
mit reinen Händen und klaren Augen,
so dass wir zu Dir kommen ohne Scham,
wenn unser Leben schwindet
wie der verblassende Sonnenuntergang
und wir aufschauen zu den Sternen des Himmels.

Indianisches Gebet aus den USA

1. Arthur Koestlers «Klassischer Stolperstein»

Stolpersteine liegen in der Regel just mitten auf dem Weg. Vielleicht ist gerade dies der Grund, weshalb man sie so leicht übersieht und darüberstürzt. Das ist bei Wanderern nicht anders, als – im übertragenen Sinne – in der hehren Wissenschaft. So meinte beispielsweise der Nobelpreisträger und Entdecker der «Bienensprache» Karl von Frisch, unsere Molekularbiologen seien derart nah bei ihren DNS-Molekülen, dass sie – dem altbekannten Sprichwort vom Wald und den Bäumen entsprechend – die lebendigen Organismen in ihrer Vielgestaltigkeit und immensen Leistungsmannigfaltigkeit selbst gar nicht mehr sehen würden. «Wer meint, er könne mit unseren Kenntnissen von den Erbanlagen, Mutationen und natürlicher Auslese die Entstehung aller Lebenserscheinungen erklären», klagte er, «dem haben wohl die jüngsten Erfolge der Genetik den Blick getrübt für das unermessliche Gebiet des völlig Unbekannten!»[1]. Das eben ist ja die Tragik und Gefahr aller Ideologie, dass sie aus ihrem Blickfeld ausblendet, was nun einmal nicht in ihr Denksystem hineinpassen will. So werden auch die «Stolpersteine» des Evolutionismus gar nicht mehr wahrgenommen – und liegen doch so offen zutage! Es war kein Geringerer als der bekannte Schriftsteller und Publizist Arthur Koestler, der im Hinblick auf Darwins Evolutionstheorie erstmals diese treffende Formulierung wählte. Er nannte das Auge «den klassischen Stolperstein» des Darwinismus. Damit wollte er deutlich machen, dass die unleugbare Vollkommenheit in Bau und Funktionen eines Sinnesorganes wie des menschlichen Auges allein durch Zufallsmutation und Auslese (Selektion) im «Kampf ums Dasein», wie es die Theorie unerbittlich fordert, nicht nur vorerst, sondern im Prinzip überhaupt nicht zu erklären ist! Durchaus zu Recht weist Koestler auf die unerhörte Komplexität im Aufbau des Auges hin, darauf, dass alles hier am rechten Platz ist, «stimmig» einander gegenseitig zugeordnet und sich ergänzend – von den verschiedenen anatomischen Bau-Elementen bis zur Verarbeitung, Auswertung und Speicherung der Informationen, die das Auge liefert, in verschiedenen Zentren unseres Gehirns. Diese so vollkommene, fehlerfreie Zuordnung beginnt bereits bei den Schutzeinrichtungen des empfindlichen Organes. Nicht allein, dass es in einer bergenden Knochenhöhle sitzt! Ihr Hintergrund ist zudem noch durch besondere Fetteinlagerungen als «Stoßdämpfer» ausgebildet, der dem Augapfel ein sanftes Ausweichen vor Druck von außen ermöglicht. Die Augenlider bewahren die empfindliche Hornhaut vor Verletzungen, das Augeninnere vor schädlichem Lichteinfall. Ihnen minutiös zugeordnete Nerven-Reflexbögen sorgen für einen «blitzschnellen» automatischen Verschluss, sobald irgendetwas die Hornhaut berührt, grelles Licht ins Auge fällt oder sich eine mögliche Gefahr – z.B. eine Hand – rasch nähert. Die nach außen gebogenen Wimpern an den Lidrändern stellen wirksame Staubfilter dar, während der dichte Haarbesatz der Brauen den von der Stirn herabrinnenden, beißenden Schweiß daran hindert, in die Augen zu fließen. An den Innenkanten der Augenlider – also an der einzig «richtigen» Stelle! – sondern die Maibom-Drüsen ein Sekret ab, das sie einfettet und damit erst den vollen Lidschluss möglich macht. Außerdem verhindert dieses wasserabstoßende Fett, dass die Tränenflüssigkeit, aus besonderen Drüsen in einer flachen Nische des Augenhöhlendaches abgesondert und von größter Wichtigkeit für das Sauber- und Feuchthalten des Augapfels, den Lidrand fortwährend überspült. Natürlich (!) ist durch besondere Tränengänge auch für eine ausreichende Abflussmöglichkeit dieser Tränenflüssigkeit durch die Nase gesorgt, in der sie gar ein zweites Mal, hier zur Anfeuchtung der Atemluft, Verwendung findet!

Weit komplizierter als diese äußerlichen, diese im wahrsten Sinne «Rand-Bedingungen» und Voraussetzungen des Sehenkönnens, zu denen u.a. auch noch die auserordentlich sinnvoll angeordneten, den Augapfel in jede gewünschte Richtung drehenden und bewegenden Muskeln gehören, sind allerdings jene dem Sehvorgang direkt dienenden Differenzierungen unseres Auges, die man in den Schulbiologiebüchern nach wie vor so gern mit denen eines Fotoapparates vergleicht. Es würde jedoch viel zu weit führen, wollten wir hier auf alle Einzelheiten eingehen. Um die nicht einmal mehr in astronomischen Zahlenbegriffen auszudrückende Unwahrscheinlichkeit einer zufälligen Entstehung und richtigen Koordinierung aller erforderlichen «Einzelteile» des Auges aufzuzeigen, genügt es schon, unsere Betrachtungen nur um einige wenige Details zu ergänzen. So enthält z.B. die Retina, die lichtempfindliche Netzhaut, 10^8 Stäbchen (das sind hundert Millionen!), also Sinneszellen für die Wahrnehmung von Hell und Dunkel, sowie 10^6-10^7 (eine Million bis zehn Millionen) sogenannte «Zapfen», Sinneszellen für das Farbempfinden. Auf der empfindlichsten Stelle unserer Netzhaut hat man 160 000 Sinneszellen pro Quadratmillimeter festgestellt! Jede einzelne von ihnen ist ein winziges Licht-Messgerät, das alle vergleichbaren technischen Messgeräte – buchstäblich! – in den Schatten stellt. Vermag es doch bereits die geringste physikalisch überhaupt mögliche «Lichtmenge» zu registrieren: ein einziges Lichtquant! Dadurch wird das menschliche Auge derart lichtempfindlich, dass es – allerdings absolute Finsternis vorausgesetzt – nach H. Autrum selbst noch den schwachen Schein einer Kerzenflamme über die Entfernung von 27 Kilometern hinweg wahrnehmen könnte. Der Strahl einer gewöhnlichen Taschenlampe wäre sogar noch aus einer Entfernung von sage und schreibe eintausend Kilometern zu erkennen! Auch Farben unterscheidet das menschliche Auge in einer unvorstellbaren Vielfalt der Nuancen. Nach Rein-Schneider sollen es gegen sechshunderttausend sein! Aber vergessen wir bei allem Staunen darüber doch nicht, dass unser Auge neben Licht und Farben auch Bewegungen und Entfernungen registriert und beurteilt!

Bedenkt man, dass nahezu alle – über 99 % der bislang bekannt gewordenen – Mutationen schädlich sind, also Missbildungen des Organismus zur Folge haben, keineswegs jedoch Vorteile und Verbesserungen, so wird die Unwahrscheinlichkeit einer reinen Zufallsentstehung nochmals potenziert. Eine ausführliche, äußerst gründliche Untersuchung dieser für den Darwinismus höchst problematischen Voraussetzungen einer Evolution des Sinnesorganes Auge durch Mutation und Selektion durch W. E. Lönnig hat zu Zahlenwerten geführt, «die alle eines deutlich zeigen: die Wahrscheinlichkeit der zufälligen Entstehung des Auges ist auf unendlich nahe an Null herabgesetzt»[2].

Darwin waren freilich all diese Voraussetzungen noch nicht bekannt. Umso bemerkenswerter ist es, dass er einem Fachkollegen einmal ganz offen bekannte: Wo immer er ein Auge erblicke, ja selbst wenn er nur daran denke, überfiele ihn geradezu ein Fieber! Ist doch diese Vollkommenheit ganz offensichtlich nie und nimmer lediglich als eine Anhäufung, eine reine Summierung von sinn- und ziellosen Zufallsmutationen zu erklären! Interessant übrigens, dass schon Voltaire († 1778) im Zusammenhang mit der Vollkommenheit unseres Auges vom «Fieber» schreibt: «Die Augen vor allem stehen in einem so offenkundigen, so unwiderleglichen und so wunderbaren mathematischen Verhältnis zu den Lichtstrahlen, dass ich versucht bin, die Kühnheit, dem Bau unseres Auges die causae finales abzusprechen, für die Ausgeburt eines hitzigen Fieberdeliriums zu halten»[3].

Das menschliche Auge, unser «Tor zur Welt», liegt als wertvollstes Sinnesorgan in einer schützenden Knochenhöhle (hier im Modell geöffnet). Eine Polsterschicht aus fettreichem Bindegewebe im Hintergrund dieser Höhle federt wie ein Stoßdämpfer jeden plötzlichen Druck ab, dem der Augapfel aus der notgedrungenerweise einzigen nicht durch Knochenwände geschützten Richtung – von vorn also – ausgesetzt werden kann. Entsprechend zweckmäßig angeordnete Muskelzüge ermöglichen die Bewegung des Auges nach allen Richtungen. Es ist ja keineswegs nur die rein optische Leistung dieses Sinnesorgane, die uns seinen Bau so vollkommen erscheinen lässt, dass bereits der alte Galilei feststellte: «Übrigens mag es sein wie es will, so bleibt doch jedes Werk organisch bildender Naturkraft für uns unnachahmlich.» Auch die vielen Hilfseinrichtungen wie Brauen, Lider, Tränendrüsen, Tränenkanal, Wimpern usw. ergänzen sich gegenseitig derart sinnvoll, dass man das «Fieber» wohl begreifen kann, das Darwin überfiel, als er sich genötigt sah, konsequenterweise auch hier alles nur als Produkt sinnleeren Zufalls und des rücksichtslosen Kampfes ums Dasein zu erklären.
Allein die Iris, die «Regenbogenhaut», die blau, grau, braun oder schwarz erscheinen kann, ist als durch Reflexe ohne unser Zutun oder auch nur Wissen darum gesteuerte Blende derart zweckmäßig «durchkonstruiert», dass die Annahme einer zufälligen Entstehung völlig absurd anmutet. Es sei hier lediglich auf die «Bogengitterstruktur» ihrer Gefäß-Bindegewebsschicht hingewiesen! Da diese lebendige Lichtblende je nach Anpassung an die gerade herrschenden Verhältnisse die Pupille, das «Sehloch», in ihrer Mitte stark verengen oder aber erweitern muss, muss dafür gesorgt sein, dass große Flächenverschiebungen des Gewebes stattfinden können, ohne dass sein Zusammenhalt darunter leidet. Daher sind die Bindegewebsstränge, ebenso wie auch die zwischen ihnen verlaufenden Muskeln, «scherengitterartig» angeordnet – in zwei sich kreuzende Richtungen. Dem entspricht genau der schraubig gewundene Verlauf der Blutgefäße vom Rand der Iris bis zur Pupille. Dadurch können sie bei Pupillenverengung ebenso stark gedehnt wie umgekehrt bei Pupillenerweiterung zusammengepresst werden, ohne zu reißen oder auch nur ihren Querschnitt zu verändern, so dass die Blutversorgung in keinem Augenblick darunter leidet! Diese besondere Struktur, insbesondere die erwähnte «Schlängelung» ist in der Iris schon mit bloßem Auge zu erkennen. Fehlte nur eine einzige der zahlreichen Voraussetzungen einer normalen Augenfunktion – von den Wimpern bis zur Netzhaut – so könnten auch alle anderen ihre Aufgabe nicht erfüllen: Das Ganze wäre zur Sinnlosigkeit verurteilt!

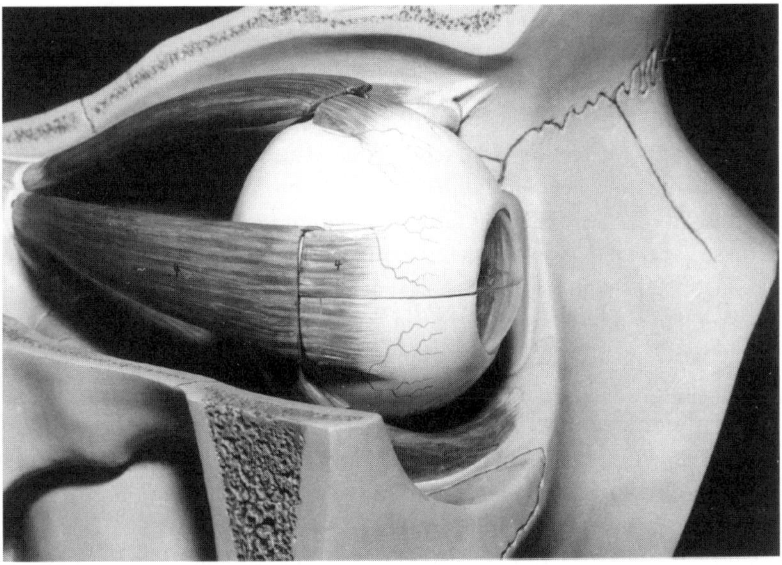

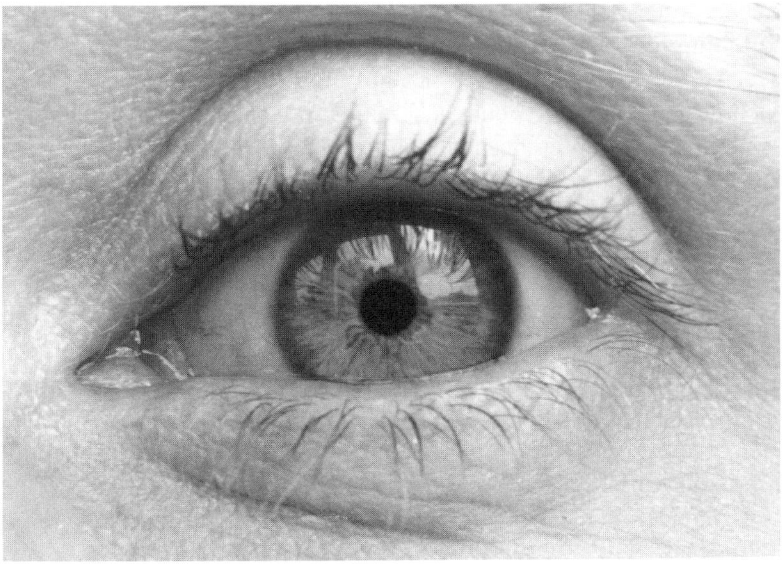

Tatsächlich aber gilt Darwins Erkenntnis und so freimütiges Eingeständnis gleichermaßen für jedes Sinnesorgan, ja für alle Organe sämtlicher bekannter Lebewesen unserer Erde! Er versuchte also vergeblich, sein «Fieber» durch die Dogmen seiner Theorie zu bekämpfen. Diese «so herrlich einfache Idee» (Lecomte du Noüy) stellt ja letztlich nur eine vermeintliche Patent-Lösung des Problems der Zweckmäßigkeit dar. Sie ist im Grunde genommen derart «naiv» (P. P. Grassé), dass jeder sie begreifen kann, auch und besonders dann, wenn er ansonsten von Biologie herzlich wenig versteht. An bekannten Beispielen mangelt es wahrhaftig nicht. Die Vollkommenheit eines Hirschgeweihes etwa als wirksame, jedoch kaum jemals tatsächlich gefährliche, gar tödliche Waffe oder auch die «technisch» so unglaublich vollkommenen Rohrzangen des Hirschkäfer-«Geweihes», diese beiden gewaltigen Kiefer der männlichen Tiere, lassen sich nach diesem eingängigen Dogma beneidenswert einfach erklären. Dazu bedarf es dann weder eines Zieles noch eines Zweckes oder gar Planes. Alle diese Organe «variieren» ja, wie es Darwin noch nannte. Immer und immer wieder ändern sie durch Zufalls-Mutationen (sprunghaft auftretende, erbliche Veränderungen) ihre Gestalt.

Was also wäre verständlicher, als dass sämtliche Fehl- oder Missbildungen zugrunde gehen und nicht zur Fortpflanzung gelangen, weil sie ihre Träger nun einmal im Kampf um Weibchen oder Nahrung den anderen gegenüber unterlegen machen? Jene Tiere aber mit ebenso zufällig größeren, «verbesserten» Geweihen oder Kieferzangen überleben in diesem unerbittlichen «Kampf ums Dasein». Sie allein pflanzen sich deshalb auch fort- und siehe da: Von Generation zu Generation werden ihre Kampforgane immer besser und vollkommener, ohne dass diesem Prozess irgend ein «metaphysischer» Plan, eine «Zielstrebigkeit» zugrunde liegt!

Allein also durch blinden Zufall und die Auslese, die Selektion der «Tüchtigeren» soll nach Darwins Vorstellungen etwas so «ausgeklügelt» erscheinendes wie das Hirschgeweih entstanden sein, von dem Richard Gerlach einmal schrieb, die Form und Stellung seiner vielen Enden fingen alle Stöße eines angreifenden Gegners so ab, als wären schier alle Möglichkeiten dieses Angriffes schon im Voraus berechnet – und zwar nach allen uns bekannten Gesetzen der Mechanik[4]. Übrigens muss dieser «Kampf ums Dasein» keineswegs immer eine Auseinandersetzung «mit rotem Zahn und blutger Klaue» sein[5]! Im

Wenn ein derart aufwendiges Geweih wirklich überlebensnotwendig und daher durch einen «Selektionsdruck» entstanden wäre, ist es unerklärlich, wieso andere Hirscharten (Moschustier, Wasserreh) ohne Geweih überleben konnten! Dass dabei auch die «Geschlechtliche Zuchtwahl» keine Rolle spielte, beweist das Vorhandensein eines Geweihes beim Ren auch im weiblichen Geschlecht!

Die Variabilität der «Geweih»-Größe ist beim Hirschkäfer (hier eine in Indien beheimatete Art) beträchtlich. Überraschenderweise aber überleben und behaupten sich auch die Varianten mit den kleineren «Geweihen» im «Kampf ums Dasein». Nach der Theorie müssten sie sofort der Selektion zum Opfer fallen!

Hochgebirge etwa haben nach Darwins Theorie zufällig stärker behaarte Pflanzen größere Überlebenschancen als die un- oder weniger behaarten, weil sie sowohl vor schädlicher UV-Strahlung als auch vor austrocknenden Winden besser geschützt sind. So also soll die «zweckmäßige Anpassung» des Edelweiß ganz ohne irgend einen Kampf auf völlig unblutige Art und Weise entstanden sein. Es blieb einfach übrig, wo alle anderen zugrunde gehen mussten – ohne zusätzlich «zu stoßen, was sowieso fallen musste».

Die Selektion im «Kampf ums Dasein» übernimmt gewissermaßen die Rolle des auslesenden Tier- oder Pflanzenzüchters. Nur eben im Gegensatz zu diesem planenden, vorausschauenden Menschen, der ganz bewusst immer nur jene Exemplare zur Weiterzucht auswählt, deren «neue» Eigenschaften ihm besonders wünschenswert erscheinen, gänzlich ohne Plan und Ziel. Der englische Biologe J. Huxley hat einmal diese «natürliche Auslese» gar als die einzige wirksame Kraft der gesamten Evolution bezeichnet. Das «Allerwesentlichste» an ihr sei, dass sie «Zufälligkeit in offensichtliche Planmäßigkeit, Ziellosigkeit in ein geordnetes Muster» verkehre[6].

Eine rein materialistisch-mechanistische «Erklärung» der Sinnhaftigkeit, Planmäßigkeit und Zweckmäßigkeit alles Lebendigen. Aber sie leidet, wie alle materialistischen Erklärungsversuche, unter dem Grundfehler, dass dieses Denken «zu spät einsetzt und zu früh abgebrochen wird», wie der Basler Physiker Max Thürkauf immer wieder betonte. Schließlich muss ja schon ein – um bei unseren Beispielen zu bleiben – gebrauchsfähiges Hirschgeweih, müssen verwendbare Kieferzangen vorhanden sein, um sich durch Mutationen verbessern und weiterentwickeln zu können! Es müsste also zunächst einmal die Frage geklärt werden, wo denn diese «Grundorgane» eigentlich herkommen. Aber stattdessen setzt man sie lieber einfach als gegeben voraus, beginnt mit dem Nachdenken und Erklären also «zu spät». Ein die ganze Theorie erschütternder «Stolperstein» – an den selbst Arthur Koestler gar nicht gedacht hat! Aber er ist beileibe nicht der einzige neben jener unvorstellbaren Unwahrscheinlichkeit einer zufälligen Entstehung lebendiger Organisation und Leistung!

2. Ein «Gott» mit Namen Zufall

«Den Zufall zum Gott machen und ihn für die Erklärung von Phänomenen zu bemühen, deren Determinanten komplex sind, heißt die Unfähigkeit zur Analyse eingestehen und vor einer schwierigen Aufgabe die Waffen strecken.» P. P. Grassé

Mag man zu Charles Robert Darwin stehen, wie immer man will, eines muss man ihm lassen: Er war ein grundehrlicher, gewissenhafter Forscher und Mensch. Ehrlich gegenüber anderen und nicht minder sich selbst. Jahr um Jahr zögerte er, seine Evolutionstheorie zu veröffentlichen, quälte er sich mit Zweifeln und schonungsloser Selbstkritik. Ja, es wäre möglicherweise nie zu dieser Veröffentlichung gekommen ohne jenen verhängnisvollen Brief des jungen Naturforschers A. R. Wallace aus dem fernen Malaysia mit einer Arbeit, die Darwins Selektionstheorie weitgehend entsprach! Erst daraufhin entschloss sich Darwin, der ewige Zauderer und Zweifler, seine Theorie zu veröffentlichen und bekam die Priorität zugesprochen. Doch die Zweifel blieben! Ja, sie nagten zeitlebens derart an dem ehemaligen Baccalaureus der anglikanischen Theologie, dass er einmal bekannte, er komme sich vor, als habe er einen Mord begangen. Sein Biograph Ronald W. Clark ist sogar davon überzeugt, dass Darwin ein «unglücklicher Bombenleger» gewesen sei und meinte, dass seine «physischen Krankheiten zumindest teilweise die Folge eines durch seine Arbeit verursachten geistigen Konflikts waren».[7] Hatte Darwin doch seine Theorie, sein Lebenswerk auf Gedeih und Verderb dem Zufall ausgeliefert, in dem er den einzigen «schöpferischen» Faktor des gesamten Evolutionsgeschehens sah. Rigoros lehnte er jeden Sinn, jede Planmäßigkeit oder Zielstrebigkeit ab und erklärte, die Höherentwicklung der Lebewesen folge ebensowenig einem Plan wie die stets wechselnde Richtung des Windes! Und das, obwohl ihm doch bereits der Gedanke an ein Organ wie unser Auge ein «Fieber» bescherte! Aber der Zufall, jener so nebulöse, ungewisse Faktor, von dem wir nicht einmal sagen können, ob er nun wirklich ein «Zufall an sich» ist oder doch nur ein «Zufall für uns» (H. Sachsse), weil wir die kausalen Zusammenhänge und Hintergründe der Ereignisse nicht durchschauen, ist nun einmal die einzig denkbare Alternative zu seinem genauen Gegenteil, der schöpferischen Planmäßigkeit! Wer die also, aus welchen Gründen auch immer, partout leugnen will, dem bleibt gar keine andere Wahl, als diesen Zufall die «gesetzlose Beliebigkeit» (J. Illies) zum deus ex machina der Evolution zu erheben. Tatsächlich jedoch bedeutet dies nichts anderes als letztlich den «Verzicht auf eine Erklärung».[8] Daran hat sich bis heute nichts geändert, auch wenn im Zeitalter der Computer und Informatik das Vertrauen auf die vermeintliche Allmacht des Zufalls «weit mehr frommen Glauben erfordert als das, was wir anderen armen Christen glauben», wie François Mauriac bekannte, als er das Buch «Zufall und Notwendigkeit» seines Nobelpreisträger-Kollegen J. Monod gelesen hatte. Hatte Konrad Lorenz Zufall und Auslese noch «die großen Konstrukteure des Artwandels» genannt[9], so wurde Monod nur wenige Jahre später noch rigoroser: «Allein der Zufall (liegt) jeglicher Neuerung, jeglicher Schöpfung in der belebten Natur zugrunde ... der reine Zufall, nichts als der Zufall, die absolute, blinde Freiheit».[10]

Noch im letzten Jahrzehnt des 20. Jahrhunderts lobte einer der führenden amerikanischen Darwinisten, Ernest Mayr, es sei Darwins größter Verdienst gewesen, den Glauben, es gäbe so etwas wie Plan, Sinn und Ziel in der Welt das Lebendigen, unnötig gemacht zu haben! Den ansonsten scheu verschwiegenen Grund für diesen Denk-Anachronismus hat Sir Arthur Keith mit dankenswerter Offenheit genannt. Wer eben nicht an den Zufall glauben will, dem bleibt gar nichts anderes übrig, als an Plan, Sinn und Ziel im Lebendigen, mithin also an eine Schöpfung zu glauben, doch gerade das will man ja nicht – selbst um den Preis einer Vergötzung des Zufalls! Das alte, materialistisch-atheistische Erbe der Haeckel-Ära verbietet es. Also schließt man lieber die Augen vor der Wirklichkeit und macht es wie jener englische Gelehrte, der sich so ungewohnt aufschlussreich durch einen «Versprecher» verriet, als er am Ende seines Vortrages meinte: «Dies, meine Damen und Herren, sind die Theorien, auf denen ich jetzt meine Tatsachen gründen werde!»

Da der «reine Zufall» (Monod) jedoch im konkreten Fall ein ungeahntes Maß an Unwahrscheinlichkeit voraussetzt, ja, weil er sich sogar mit mathematischer Akribie[11] als vermeintlicher «Schöpfer» der unerhörten Ordnung in der Welt des Lebendigen ad absurdum führen lässt, versucht man, ihm sozusagen eine «Orientierungshilfe» zu geben. Allerlei hübsche Spielchen mit mehr oder weniger ausgeklügelten Regeln und Gesetzen sollen ihn einengen und zeigen, wie er durch, «Steuerung» wahrscheinlicher gemacht werden kann. Leider hat man bei dieser Scheinlösung des Problems zwei wesentliche Voraussetzungen ganz übersehen, die alles wieder zunichte machen! Einmal, dass ein durch Naturgesetze «gesteuerter Zufall» eben per definitionem gar kein Zufall mehr ist[12], sondern lediglich ein etwas umständlicher, ein sozusagen «umwegiger» Plan, und zum anderen klammert man die Frage nach der Herkunft dieser Gesetze in der Natur klammheimlich einfach aus. Gesetze aber – und dies gilt für die Naturgesetze wie die vom Menschen aufgestellten! – sind nun einmal, wie Max Thürkauf nicht müde wurde zu betonen, nichts Materielles! Das wird vollends klar, wenn es um die phantasievollen (!) Spielregeln geht: Ihre Erfinder vergessen, dass es doch ihr eigener Geist ist, der sie erdacht hat und dass infolgedessen ausgerechnet sie selbst just den Beweis dafür liefern: Es geht eben nicht ohne Geist, also ohne Plan und ein gesetztes, allein vom Geist vorherbestimmbares Ziel! Sie leiden ohne Ausnahme am «Münchhausen-Syndrom», wie Max Thürkauf dieses merkwürdig «selbstvergessene» Denken einmal so treffend karikierte. Sie merken gar nicht – oder wollen es doch unter gar keinen Umständen merken – dass es, wie weiland bei dem Lügenbaron, sozusagen ihr eigener Arm ist, der sie aus dem Sumpf ziehen soll! Wie bemerkte doch schon der Philosoph Arthur Schopenhauer: Der Materialismus ist die Philosophie jenes Individuums, das dabei völlig vergessen hat, an sich selbst zu denken!

Es ist in der Tat schwer begreiflich und wohl nur als Folge einer tief verwurzelten ideologischen Voreingenommenheit (A. Keith) zu verstehen, weshalb es trotz aller neuen Erkenntnisse über die Natur des Organismus noch immer «Zufallsgläubige» gibt. Es läßt sich doch nun einmal nicht verleugnen, dass beispielsweise schon eine einzige, gar noch kernlose Bakterienzelle weit über tausend verschiedene, chemisch recht kompliziert aufgebaute Enzyme synthetisieren muss (und kann!), um ihre vielfältigen Lebensfunktionen von der Atmung bis zur Fortpflanzung aufrecht zu erhalten (von Frisch) und dass sie weit komplizierter strukturiert ist als das gesamte nordamerikanische Telefonnetz (R. Riedl). Ja, nicht einmal ein Richard Dawkins verschweigt, dass «einige Arten der ohne Grund als primitiv bezeichneten Amöben (einzellige Urtiere, noch ohne feste Gestalt, Verf.) in ihrer DNS (Erbsubstanz im Zellkern, Verf.) ebensoviel Information wie tausend Exemplare der Encyclopaedia Britannica «enthalten».[13] Und doch ist auch ihm gewiss bekannt, dass Information eine dritte Größe neben

Materie und Energie darstellt und nicht aus diesen abgeleitet oder erklärt werden kann.[14] Wie alle Gesetze auch «urständet» (Herder) sie im Geist. Kein Informatiker käme heute auf die absurde Idee, auch nur das einfachste Programm mit seinem Informationsgehalt könnte irgendwie zufällig von selbst entstehen!

Da muss man eben doch am Ende wieder die schon anfangs erwähnte Ehrlichkeit des alten Darwin anerkennen! Räumte er doch bereits im zweiten Kapitel seines Hauptwerkes über «Die Entstehung der Arten» freimütig ein: «Fast jeder Teil jedes organischen Wesens steht in einem so schönen Verhältnis zu seinen komplizierten Lebensbedingungen, dass es ebenso unmöglich scheint, ein Teil sei plötzlich vollkommen hervorgebracht worden, wie dass jemand eine komplizierte Maschine gleich im vollkommenen Zustand erfunden habe.»[15] Dabei hatte er allerdings noch keine Ahnung davon, wie unvorstellbar kompliziert und ineinander verflochten die Lebensvoraussetzungen schon bei «primitiven» Einzellern wie Bakterien oder Amöben sind, die sein Vorkämpfer in Deutschland, Ernst Haeckel († 1919) noch für «formlose Klümpchen Eiweiß» hielt! Nach Darwins Theorie gibt es – und darauf deutet das letzte Zitat ja unmissverständlich hin – nur einen einzigen Weg der Vervollkommnung und Höherentwicklung: durch ganz allmähliche Summation kleinster, durch Mutationen verursachter «Verbesserungen», ein Voranschreiten in winzigen Schrittchen über unvorstellbar lange Zeiträume in der Erdgeschichte hinweg! Ja – und da schrieb er nun etwas, von dem seine eifrigen Nachfolger doch so sehnlich wünschen, er hätte es niemals offen zugegeben und gar zu Papier gebracht: «Wenn nachgewiesen werden könnte, dass irgendein komplexes Organ existierte, das nicht möglicherweise durch zahlreiche sukzessive, geringfügige Veränderungen geformt worden wäre, so würde meine Theorie absolut (! Verf.) zusammenbrechen!»

Armer alter Darwin! Wie hätte er zu seiner Zeit auch nur ahnen können, wie unendlich viele just derartiger Beispiele die zukünftige Naturforschung ans Licht bringen sollte? Und das, wo doch nach seinen eigenen Worten bereits *ein* einziges komplexes Organ genügt, um seine Theorie «absolut» zusammenbrechen zu lassen? Hat er denn wirklich nicht bemerkt, dass er schon in seiner «Entstehung der Arten» eine ganze Reihe derartiger Organe beschrieb, ja sogar hochkomplexe «Einheiten» aus mindestens zwei Organismen, von denen jeder für sich allein betrachtet schon seine bescheidene Minimalordnung erfüllt?

3. Orchideenblüten-Fallstricke der Theorie!

Es war ein Naturforscher namens Dr. Crüger, der Darwin jene so anschauliehe Beschreibung einer Orchideenblüte und ihrer seltsamen Bestäubungsart aus dem fernen Südamerika nach England sandte – zusammen mit einem gefangenen, präparierten Insekt. Sie klingt fast wie ein moderner Krimi und man kann sich leicht das fassungslose Staunen des emsigen Beobachters vorstellen, als er dem absonderlichen Geschehen zusah: «Diese Orchidee hat ihr Labellum (Unterlippe) teilweise zu einem großen Gefäß ausgehöhlt, in welches fortwährend aus zwei über ihm befindlichen absondernden Hörnern Tropfen fast reinen Wassers herabsickern. Ist das Gefäß halb voll, so fließt das Wasser durch einen Abguss auf der Seite ab. Der Basalteil der Unterlippe steht über dem Gefäß und ist selbst kammerartig ausgehöhlt mit zwei Seiteneingängen; in dieser Kammer sind sonderbare fleischliche Leisten. Der klügste Mensch (! Verf.), wenn er nicht Zeuge dessen wäre, könnte nicht ausfindig machen, welchem Zwecke alle diese Teile dienen.

Dr. Crüger jedoch sah, wie eine Menge von großen Hummeln die Riesenblüten dieser Orchideen besuchten, nicht um Nektar zu schlürfen, sondern um die Leisten in den Kammern oberhalb des Gefäßes abzunagen. Während sie dies taten, stießen sie einander häufig in das Gefäß; dadurch wurden ihre Flügel nass, so dass sie nicht fortfliegen konnten, sondern durch den vom Ausguss gebildeten Durchgang kriechen mussten. Dr. Crüger sah eine ununterbrochene Prozession von Hummeln derart aus ihrem unfreiwilligen Bad kriechen. Der Durchgang ist eng und von Säulen getragen überdacht, so dass die Hummel im Durchzwängen erst ihren Rücken an der klebrigen Narbe reibt, dann an den klebrigen Drüsen der Pollenmassen. Diese werden dadurch an den Rücken der Hummel geklebt, die zuerst zufällig durch den Gang einer jüngst entfalteten Blüte kriecht, und daher fortgetragen. ... Fliegt nun die derart versehene Hummel nach einer anderen Blüte oder kommt sie zum zweitenmal zu derselben, und wird sie von ihren Genossen in das Gefäß gestoßen, kriecht sie dann durch den Gang – so wird die Pollenmasse mit der klebrigen Narbe in Verbindung kommen, hier hängen bleiben und – die Blüte ist befruchtet. Endlich erst erkennen wir die volle Nützlichkeit jedes einzelnen Blütenteils: der wasserabsondernden Hörner, des halbgefüllten Gefäßes, das verhindert, dass die Hummeln fortfliegen, sie zwingt, durch die Öffnung zu kriechen und sich an den geeignet aufgestellten klebrigen Pollenmassen und der klebrigen Narbe zu reiben».[16] Nach G. Chapman erfordert dieser Mechanismus der «Eimer-Orchidee» Coryanthes speziosa «mindestens fünf getrennte Funktionen, die in korrekter Reihenfolge zusammenarbeiten: das Anlocken der weiblichen Hummeln, ihren Fall in den Eimer verursachen, die Vorsorge der Drüsen, diesen Eimer ständig mit Flüssigkeit gefüllt zu halten, das Vorsehen eines Tunnel-Ausganges und die Vorrichtungen zur Befestigung und zum Weiterbefördern der Pollensäcke». Und dann stellt er genau das fest, wovon Darwin befürchtet, es könne seine ganze Theorie zu Fall bringen: «Fehlte nur ein Teil dieses Mechanismus oder wäre er unvollständig, könnte die Pflanze nicht befruchtet werden... Der Ursprung dieser wundervollen, raffinierten Maschinerie der Eimer-Orchidee ist zweifellos fatal (! Verf.) für die Theorie einer ganz allmählichen, schrittweisen Evolution!»[17] Und dann fügt Chapman noch neuere Erkenntnisse über den Lock-Mechanismus hinzu, von denen freilich weder Dr. Crüger, noch

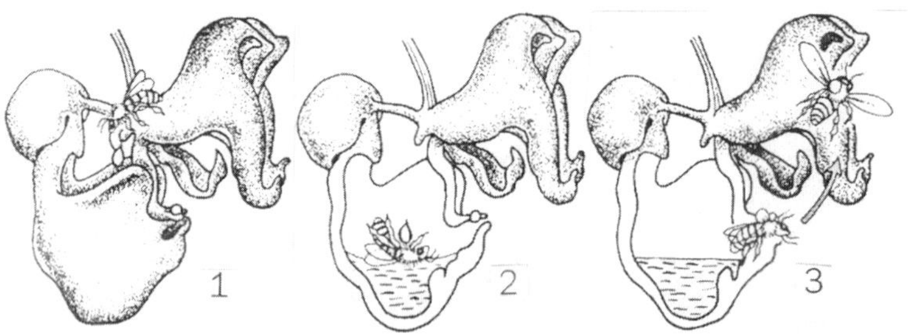

Bestäubung der Eimer-Orchidee (Coryanthes):

1 = das nektarsuchende Insekt rutscht nach seiner Landung auf der Blüte ab und fällt in den flüssigkeitsgefüllten «Eimer».
2 = Es schwimmt auf der Flüssigkeit und sucht, wieder ins Freie zu gelangen.
3 = das Insekt hat den einzigen Ausgang aus dem «Eimer» gefunden. Beim Hindurchzwängen bleiben die Pollenklumpen an seinem Rücken kleben.

Mit diesem Pollenpaket besucht es die nächste Blüte (hier an der selben oben dargestellt) und vollzieht beim Verlassen zwangsläufig die Fremdbestäubung. (Nach Chapman, ver.).

Darwin etwas ahnen konnten. Tatsächlich ist die Sicherung des Anlockens der richtigen (!) Bestäuber für sich allein betrachtet bereits ein hochkomplexer «Mechanismus», in dem eine ganze Reihe von anatomischen, physiologischen sowie Verhaltens-Voraussetzungen erfüllt sein müssen, damit er auch funktioniert.

Auch hier also wäre eine stufenweise, allmähliche Entwicklung ganz ausgeschlossen. In erster Instanz – so formuliert es Chapman –, werden männliche Hummeln vom Duft des Nektars, der also ihren Sinnesorganen «angenehm» sein muss, herbeigelockt. Sie sammeln von der Oberfläche der Blütenkronblätter einen dort ausgeschiedenen Saft, dessen Duft sie «attraktiv» macht für die weiblichen Hummeln. An ihren speziell umgebildeten Vorderbeinen besitzen diese Männchen besondere Sammeleinrichtungen, die es ihnen ermöglichen, diese duftenden Stoffe an Taschen in den Hinterbeinen weiterzugeben. Von diesen Dufttaschen aus lassen sie die Lockstoffe austreten und sich mit dem Wind verbreiten und locken auf diese Weise die Weibchen ihrer Art an.

Nicht minder staunenerregend aber funktioniert der «technisch» freilich gänzlich anders konstruierte Bestäubungsmechanismus der in Australien beheimateten Hammer-Orchidee (Drakaea glyptodon). Die langgestreckte, zu einem gelenkigen Hebelarm umgebildete Unterlippe der Blüte besitzt ihr seltsames Scharnier-Gelenk etwa in der Mitte und verdickt sich am Ende zu einer Wespenweibchen-Attrappe. Mit ihren zahlreichen, borstenartig hervorstehenden Oberhautpapillen gleicht sie buchstäblich «aufs Haar» dem zotteligen Thorax (Brustabschnitt) einer bestimmten Art Wespen-Weibchen, die flügellos ist. Infolgedessen müssen diese Weibchen von ihren Männchen im Flug mit fortgetragen werden. Exakt an der einzig richtigen Stelle zeigt diese auch entsprechend gefärbte Wespenattrappe ein paar glänzende «Augen». Aber um die Täuschung auch wirklich vollkommen und unwiderstehlich zu machen, strömt sie auch noch einen ganz spezifischen, unverwechselbaren Duft aus, der völlig dem Sexual-Lockduft (Pheromon) der Weibchen jener engagierten Wespenart gleicht! So wird also bald eine männliche Wespe angelockt und packt, sowohl vom vertrauten Anblick als auch diesem vielversprechenden Lockduft verführt, das vermeintliche Weibchen genau wie ein echtes und versucht, wie gewohnt, mit ihm aufzufliegen. Dabei nun löst es notgedrungen den Scharnier-Mechanismus aus: der untere Hebelarm bewegt sich «schlagbaumartig» blitzschnell gegen den oberen und katapultiert das sich unverdrossen an die Attrappe klammernde Wespenmännchen genau (!) gegen die Narbe unter der Oberlippe der Blüte. Bringt die gefoppte Wespe Pollensäcke von einer bereits vorher besuchten Hammer-Orchidee an ihrem Kopf haftend mit, so werden diese zwangsläufig bei dem Aufprall gegen die Narbe gepresst: Die Fremdbestäubung ist

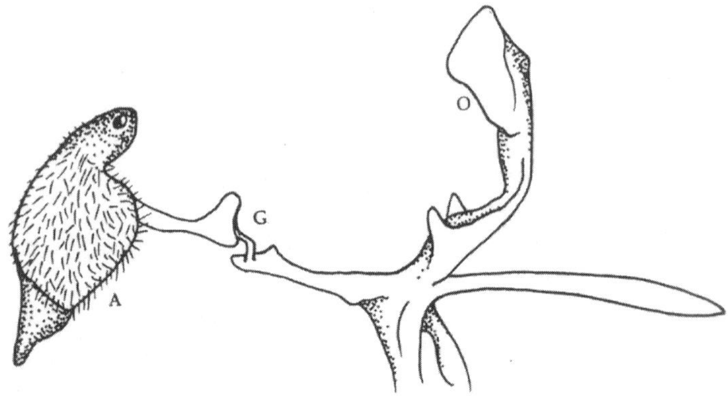

Die Hammer-Orchidee (Drakaea glyptodon) aus West-Australien katapultiert ihre Bestäuber gegen Staubbeutel und Narbe. A = Weibchenattrappe (Unterlippe der Blüte); G = Gelenk, um das die Attrappe mit dem sich daran festklammernden Insektenmännchen bei dessen Auffliegen gekippt wird; O = Oberlippe, in deren Innerem Staubbeutel und Narbe sitzen.

vollzogen! Gleichzeitig wird dem Tier eine neue Fracht Pollen an den Körper geklebt, denn die Pollensäcke der gerade bestäubten Blüte sitzen just an *der* Stelle, die von der Wespe als nächste angestoßen wird. Damit ist also die Bestäubung der nächsten Blüte, die das wenig lernfähige Insekt anfliegt, bereits zielsicher eingeleitet!

Jeder vermag sich unschwer zusammenzuzählen, wieviel einzelne Voraussetzungen hier gleichzeitig erfüllt sein müssen, damit alles wirklich fehlerfrei «klappt» – diesmal im doppelten Wortsinne! Und das wiederum sowohl auf Seiten der Blüte als auch auf der des Insektes.

Bei dem geht es außerdem nicht allein um die «passenden» Körpermerkmale, sondern ebenso um die Empfindlichkeit seiner Sinnesorgane und seiner Instinkte: sozusagen die angeborenen, ererbten «Gebrauchsanweisungen» für alle Organe!

Auch hier ist, wie bei der Eimer-Orchidee, eine allmähliche Entwicklung durch zufälliges Hinzukommen neuer morphologischer Merkmale auf beiden Seiten oder Änderungen von Verhaltensweisen der Wespenart völlig undenkbar und auszuschließen. Selbst wenn man einmal ganz davon absieht, wie sehr hier der «schöpferische» Zufall überstrapaziert ist, weil ja stets nur die richtigen, die einzig passenden «Schritte» unter unendlich vielen ebenso wahrscheinlichen anderen in der rechten Reihenfolge einander ablösen müssten. Gewiss potenziert das geradezu die Unwahrscheinlichkeit einer rein zufälligen Entstehung aller erforderlichen Anpassungen.

Aber da kommt noch ein weiteres hinzu, dessen Bedeutung nicht minder groß und fatal für die Evolutionstheorie Darwins ist. Die beschriebenen Bestäubungsmechanismen «funktionieren» ja erst, wenn sie vollkommen sind! Noch unvollkommene, also nicht zu einer Bestäubung führende Halb-Anpassungen müssten also, da diese Formen nicht fortpflanzungsfähig sind, zu ihrem Aussterben führen: ausgerechnet die Selektion, der angeblich ordnungsstiftende Prozess (Huxley) würde also dafür sorgen, dass es niemals zu einer echten Höherentwicklung kommt! Die Theorie gerät in einen rettungslosen Widerspruch mit sich selbst: eine unlösbare, unausweichliche Antinomie!

4. Das Geheimnis der «Täuschblüten»

Eigentlich wäre es ja für Darwin gar nicht nötig gewesen, Beispiele für derart komplizierte, durch Zufallsentwicklung nach seinen eigenen Worten niemals erklärbare gegenseitige Zu-Ordnungen von bestäubenden Insekten und Orchideenblüten in fernen, exotischen Ländern zu suchen. Auch hierzulande gibt es wilde Orchideen mit absonderlichen Blüten, deren Bedeutung und komplizierter «Mechanismus» für die Forscher lange Zeit Rätsel darstellten, bis sie endlich mit nicht geringer Verblüffung hinter ihr Geheimnis kamen.

Schon im Jahre 1745 stellte der berühmte Botaniker Carl von Linné, der Schöpfer unseres Systems der Pflanzen und Tiere fest, die Blüten einiger dieser Orchideen sähen echten Fliegen oder Hummeln derart täuschend ähnlich, dass man tatsächlich glauben könne, es säßen lebende Insekten auf den Stengeln der Blumen, «denn selbst ein Künstler», so schrieb er «hätte echte Fliegen nicht besser imitieren können». Doch welchen Sinn, welche Bedeutung hat nun eine solche seltsame Vortäuschung falscher Tatsachen? Noch hundert Jahre nach Linné meinte ein anderer Botaniker, diese Orchideen versuchten durch ihre raffinierten «Attrappen» vorzugaukeln, ihre Blüten seien allesamt bereits von nektarsuchenden Insekten besetzt, für weitere Besucher sei also kein Platz mehr vorhanden. Sie wollten durch diesen «Betrug» die echten Insekten fernhalten, da sie – als vermeintliche Selbstbestäuber! – für die Übertragung ihres Blütenstaubes auf die Narben keinerlei fremde Helfershelfer benötigten. Aber gibt es nicht unzählige selbstbestäubende Blüten auf der Welt, die völlig ohne derartige «Tricks» auskommen und völlig «normal» gebaut sind? Wozu also der ganze Aufwand, zumal, wie sich später herausstellen sollte, diese Orchideen durchaus nicht Selbstbestäuber sind?

Er ist in der Tat beträchtlich, dieser «Aufwand»! Die Unterlippe (Labellum) einer Fliegenorchis etwa ist bis ins letzte Detail wie eine Fliege gestaltet. Nicht einmal die schlanken «Fühler» am deutlich abgesetzten Kopf fehlen: Sie werden, genau an der einzig richtigen Stelle, durch zwei lang ausgezogene, schmale, fadenartige Blütenblattzipfel vorgetäuscht. Zwei weitere, seitlich abstehende, abgeflachte Zipfel stellen die Flügel des Insektes dar. Auch die Größe der ganzen Attrappe entspricht genau jener der Weibchen einer ganz bestimmten Fliegen- bzw. Wespenart (Gorytes). Selbst ihr Färbung gleicht der ihres lebenden «Vorbildes» und, wie gar nicht mehr anders zu erwarten, entspricht auch der Duft dieser Blüte dem Sexuallockduft des Insektenweibchens. Ist, wie im Falle der Hummelorchis, das «Vorbild» behaart, so zieren auch die Oberhaut der Attrappe zahlreiche haarähnliche Fortsätze (Papillen), deren «Strich» sogar dem des echten Hummelpelzes gleicht. Ja, bei der Fliegenorchis trägt das Labellum genau an der Stelle, wo beim lebendigen Vorbild durch seine in Ruhe teilweise übereinandergelegten Flügel ein das Licht auffallend reflektierender «Spiegelfleck» entsteht, eine helle Fleckenzeichnung!

Was nun dieser ganze Aufwand bezweckt, – diese Frage lässt sich nach all diesen Feststellungen leichter beantworten. Der ausgeströmte Sexuallockstoff (Pheromon) und die auffallende Tatsache, dass all diese verschiedenen Orchideenblüten stets nur den Weibchen einer bestimmten Insektenart so täuschend gleichen, hilft das Geheimnis

Die Blüte der Fliegenorchis ahmt täuschend den Körperbau einer Fliege nach. Der helle Fleck auf der Unterlippe (Labellum) entspricht dem Spiegelfleck, der genau dort bei der echten Fliege entsteht, sobald sie in Ruhe ihre Flügel übereinander legt.

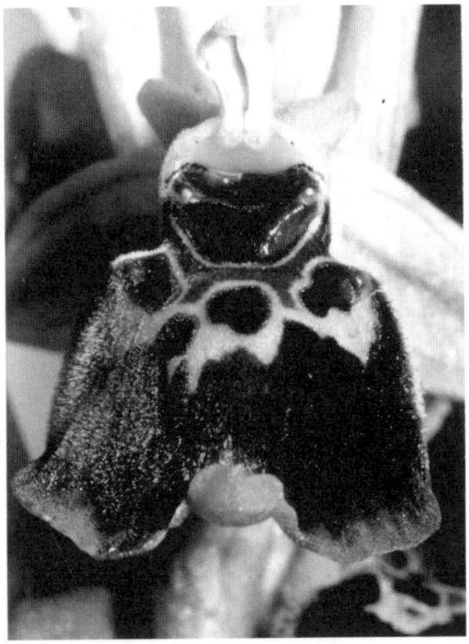

Nicht allein Größe und Gestalt der Blüte einer Hummelorchis entsprechen der einer echten Hummel. Auch die Oberhaut der Blüte ist durch Papillen aufgerauht und fühlt sich an wie der dichte Haarpelz des Insektes!

lüften. Es werden die dazugehörigen Männchen – und nur die! – angelockt, durch den unverwechselbaren «Weibchenduft», den der Wind weithin verbreitet, bereits aus der Ferne. Entsprechend nahe gekommen, vermeint das Männchen, durch die frappante Ähnlichkeit nun auch optisch getäuscht, ein Weibchen seiner Art nektarsaugend auf einer Blüte erspäht zu haben. Und zumal sie sich bei der ersten Berührung – man erinnere sich an die «Behaarung» der Hummelorchisblüte! – auch ganz so anfühlt, versucht das Männchen, sich mit der Attrappe zu paaren. Sobald aber sein Kopf deren «Kopf» berührt, geschieht etwas recht Seltsames. Die Insektenstirn stößt gegen zwei klebrige Scheibchen, die dort nur «gewartet» zu haben scheinen, und sofort an ihr haften bleiben. Wenn das überrumpelte Männchen seinen Kopf wieder zurückzieht, reißt es, was an diesen Haftscheibchen hängt, aus zwei schützenden Umhüllungen heraus: je einen dünnen Stiel, an dessen Ende als keulenförmige Verdickung ein «Pollinium» sitzt, ein ganzes Paket aus lauter Pollenkörnern. Fliegt der gefoppte Freier enttäuscht davon, so trägt er diese gestielten Pollenpakete, zwei winzigen Hörnern vergleichbar, auf seiner Stirn mit.

Zum Glück für die Orchideen haben alle diese Insekten nur ein äußerst kurzes Gedächtnis! Ausnahmslos fallen sie alsbald wieder auf den gleichen Trick der nächsten Blüte herein. Da deren Narbe just an jener Stelle hervorragt, die das so vergessliche Tier mit seiner Stirn zuerst berühren muss, stopft es zwangsläufig und ohne selbst auch nur das Geringste davon zu bemerken sein «Mitbringsel», die beiden Pollensäcke, exakt dort hinein. Damit ist die Fremdbestäubung erfolgt, das Ziel auf umständlichem, aber sicherem Wege erreicht. Bleibt nur noch hinzuzufügen, dass die blütenbestäubenden Insektenmännchen früher – und zwar nahezu drei Wochen früher! – aus dem Winterschlaf erwachen als ihre Weibchen – und die Orchideen just während dieser Zeit der «Weibchenabwesenheit» ihre Täuschblüten entfalten. Nur dadurch ist es ja möglich, dass alle Männchen, die jetzt bereits fliegen, auf die dargebotenen Attrappen hereinfallen. Würden die echten Weibchen ebenfalls schon umherfliegen, so würden sie zumindest einen Großteil der Männchen auf sich aufmerksam machen und es erreichten kaum alle Orchideenblüten ihr angestrebtes Ziel.

Geradezu unglaublich, was alles genau so und auch nicht um eine Spur anders hier zusammenkommen und sich gegenseitig er-gänzen muss, damit diese originelle, ja absonderliche Art der Fremdbestäubung reibungslos funktioniert! Hier ist nun wirklich, wie Karl von Frisch einmal sagte, an «Zufall» nicht einmal zu denken. Viel zu viele Faktoren, von denen jeder einzelne, wenn es sich tatsächlich um Zufall handelte, auch beliebig anders beschaffen sein könnte, wirken hier zielstrebig zusammen. Und das auch noch über Artgrenzen, ja Naturreichgrenzen hinweg, da hier ein Tier und eine Pflanze eine Funktionseinheit bilden! Müßig, sie alle hier noch einmal aufzulisten, von den Sinnesleistungen und Instinkten der Insekten bis zum genau passenden Zeitplan der Orchideenblüte! Könnte man sich wohl ein treffenderes Beispiel für des Philosophen David Hume († 1776) Feststellung vorstellen: «Zufall – das ist nur ein Wort ohne Bedeutung!»?

Im Übrigen verhält es sich ja auch bei diesen Beispielen so, dass die dramatische Bestäubung erst dann stattfinden kann, wenn *alle* erwähnten (und noch etliche nicht-erwähnte mehr!) Voraussetzungen erfüllt sind. Fehlte auch nur eine einzige – etwa der spezifische Lockduft auf Seiten der Blüte oder die entsprechende «Programmierung» der Geruchsinnesorgane und des «Geschmacks» dafür auf Seiten des Insekts, dann nützte die Gesamtheit aller übrigen keinen Pfifferling. Mehr noch: Sie stellten dann nur noch einen ganz und gar unnötigen, hinderlichen Ballast dar, der die Überlebensfähigkeit der Orchideenart, also ihre «Tüchtigkeit» im darwinistischen Sinne empfindlich herabsetzen würde. Diese unvollkommenen, erst halbfertigen Formen müssten ausgerechnet jenem Kausalfaktor der Theorie zum Opfer fallen, der doch angeblich die wunderbare, sinnvolle Ordnung erst zustandebringen soll: der unerbittlichen Selektion, dem «Kampf ums Dasein».

Das Postulat einer ganz allmählichen, schrittchenweisen Höherentwicklung und Vervollkommnung stellt die Theorie aber gerade hier noch vor ein weiteres, unlösbares Problem. Muss sie doch fordern, dass sich eine solche Schritt-für-Schritt-Höherentwicklung, wobei zudem stets die richtigen Schritte aufeinanderfolgen, gleichzeitig bei zwei überhaupt nicht miteinander verwandten und in keinerlei Gen-Austausch untereinander stehenden Lebewesen, dem Insekt einerseits und der Pflanze andererseits, exakt parallel vollzogen hat. Wie beim gut einstudierten Ballett muss eben jeder dieser Schritte gleichzeitig mit dem bis ins letzte Detail dazu passenden, ihn er-gänzenden des Partners erfolgen. Aber auch damit noch nicht genug: die durch ihre «Schritte» immer wieder veränderten Organismen müssten ja auch – eine fast banale Erkenntnis! – zu jedem Zeitpunkt, in jeder neuen Generation voll überlebensfähig sein! Aber wenn sie das waren, warum in aller Welt gab es da überhaupt einen Grund, sich noch immer weiter und weiter zu entwickeln?

Damit stehen wir nun vor einer weiteren entscheidenden, für Darwins Theorie wiederum äußerst fatalen Frage, einem echten Stolperstein. Wieso gibt es eigentlich heute noch «Butterblumen», also Pflanzen mit ganz «gewöhnlichen» Blüten, wie sie unsere Hahnenfußgewächse (Ranuculus) oder die Obstbäume haben? Die leben und überleben ohne alle jene unglaublich komplizierten Einrichtungen der Insektenorchideen zur Sicherung einer Fremdbestäubung! Und was mit der Theorie vom «Überleben des Tüchtigeren» (the fittest) völlig unvereinbar ist und bleibt:

Diese Pflanzen mit den «einfachen» Blüten haben eben damit einen weit, weit größeren Fortpflanzungserfolg! Sie erzeugen viel, viel mehr Nachkommen als die allesamt vom Aussterben bedrohten und daher unter strengen Naturschutz gestellten Insektenorchideen. Die Zahl der Nachkommen aber, die sich «durchsetzen», ist nach Darwins Theorie *der* Maßstab für die Überlebenstüchtigkeit schlechthin! Wie also sollten bei den Insektenorchideen die hochkomplizierten Bestäubungseinrichtungen durch «Auslesevorteile» entstanden sein, wenn sie sich doch in Wirklichkeit als ein geradezu gewaltiger Nachteil erweisen? Ja, hätten sich die Insektenorchideen tatsächlich durch eine schonungslose Auslese im Kampf ums Dasein aus Ahnen mit «gewöhnlichen» Blüten emporentwickelt, gäbe es also in dieser Evolutionsrichtung einen unerbittlichen «Selektionsdruck», so dürfte es heute logischerweise gar keine «Butterblumen» mehr geben. Aber es gibt sie nun einmal – und zwar in ungebrochener Vitalität, die die aller Orchideen weit übertrifft! Fazit: Durch Mutation und Selektion können solche hochkomplizierten Blüten wie die der Insektenorchideen nie und nimmer entstanden sein. Eine unlösbare Antinomie, ein echter «Stolperstein» der Theorie, diese leider so selten gewordenen Kinder Floras!

5. Das «Dreifach-Programm» des Nashornvogels

Der in tropischen Breiten der Alten Welt beheimatete, wegen seines außergewöhnlichen Schnabelaufsatzes «Nashornvogel» (Bucaros) genannte entfernte Verwandte unseres Wiedehopfs und Eisvogels liefert ein ganz besonderes Beispiel dafür, wie nicht nur zwei, sondern sogar drei Lebewesen gemeinsam eine Handlungseinheit bilden. Dabei wird begreiflicherweise der Zufall als alleinige Ursache einer allmählichen Höherentwicklung, einer Evolution dieser so wohlgeordneten, in all ihren Teilleistungen minutiös aufeinander abgestimmten Verhaltensweisen und physiologischen Funktionen abermals in seiner Unwahrscheinlichkeit potenziert. Mit anderen Worten: Er scheidet praktisch völlig aus!

Der Nashornvogel ist ein Höhlenbrüter. Im Gegensatz zum Eisvogel jedoch, der seine langen Erdhöhlen selbst in den Löß oder Lehm hoher Uferböschungen gräbt, ist er auf bereits vorhandene geeignete Baumhöhlen angewiesen. Sein riesiger, gebogener Schnabel, noch dazu mit diesem grotesken Aufsatz, würde es ihm ja auch gar nicht erlauben, damit wie ein Specht selbst Höhlen ins harte, lebende Holz zu meißeln. So macht er sich denn, sobald die Brutzeit herannaht, auf die Suche nach einem geeigneten Baumloch. Verständlich, dass er dabei recht unterschiedliche Größenverhältnisse vorfindet, wobei überdies besonders die Formen der Eingangsöffnungen ganz erheblich voneinander abweichen. Gibt es da doch sowohl glattrandige, runde, als auch unregelmäßig gestaltete kantige Zugänge, große und kleinere Öffnungen, aber allen versteht er durch seine eigene Tätigkeit zuletzt das gleiche Aussehen zu geben: Er mauert sie, ähnlich wie unser einheimischer Kleiber, entsprechend weit zu.

Dabei arbeiten beide Geschlechter – übrigens in strenger lebenslanger Einehe lebend – Hand in Hand oder, besser gesagt, Schnabel in Schnabel. Es trifft nämlich nicht zu, was mitunter in leicht romantisch gefärbten Berichten darüber zu lesen ist: Das Männchen mauert sein Weibchen keineswegs allein ein! Sie hilft ihm dabei von innen, aus der Höhle heraus, die sie bereits besetzt hat, kräftig mit. Freilich steht ihr dort in der Enge lediglich der eigene Kot zur Verfügung, doch dessen Eigenschaften passen überraschenderweise – und ganz, ganz zufällig, versteht sich! – außergewöhnlich gut zu dieser Verwendung. Während er nämlich anfangs zähflüssig ist und sich daher mit dem Riesenschnabel leicht gegen die Ränder des Einganges glättend verstreichen lässt, erhärtet er an der Luft wie unser Mörtel schon nach kurzer Zeit. Das Männchen bringt von außen mit seinem Speichel versetzten Lehm in kleinen Klumpen herbei, und so mauern sie gemeinsam die ursprünglich viel zu weite Öffnung ihrer Baumhöhle just so weit zu, dass zuletzt nur noch ein schmaler, schießschartenähnlicher Spalt offen bleibt, gerade breit genug, um das eingemauerte Weibchen seinen Schnabel hindurchstecken und sich von seinem Männchen füttern zu lassen. Drei volle Tage kann es dauern, bis das Werk vollendet ist, und für die ganzen 28 Tage seiner Brutzeit sitzt das Weibchen nun, vor Nesträubern wie Schlangen oder diebischen Affen trefflich geschützt, in seiner engen, aber sicheren Burg. Es mausert sich sogar während dieser Zeit und nicht etwa, wie ansonsten üblich, nach und nach, sondern total. Das bedeutet:

Alle Federn fallen nahezu gleichzeitig aus. Außerhalb der bergenden Höhle wäre das recht gefährlich, da der Vogel ja nicht fliegen und sich vor seinen Feinden in Sicherheit bringen könnte. Hier jedoch ist eine Totalmauser nur von Vorteil, weil sie rascher vonstatten geht und das neue Federkleid dadurch fertig ist, wenn das Weibchen schließlich die künstliche Sperrmauer aufbricht, um seinem inzwischen vor lauter Fürsorge um seine Familie schier bis zum Gerippe abgemagerten Männchen zu helfen, die weiterhin in der schützenden Höhle verbleibenden, immer mehr Nahrung fordernden Jungen zu versorgen. Denen braucht übrigens keiner der Altvögel vorzumachen, wie man ein zu großes Baumloch zumauert. Sofort nachdem ihre Mutter das Nest verlassen hat, machen sie sich ans Werk und beginnen, sich selbst erneut einzumauern – bis auf die enge Öffnung, die zum Füttern unerlässlich ist. Übrigens natürlich nicht ausschließlich zum Füttern! Die Jungvögel beherrschen eine recht originelle, wirksame Methode der Beseitigung ihres Kotes, soweit sie ihn nicht zum Mauern benötigen. Dabei vollführen sie in ihrer engen Baumhöhle eine Art Kopfstand und spritzen den flüssigen Kot weit durch die schmale Eingangsöffnung ins Freie.

Es ist erstaunlich und nie und nimmer durch Zufall zu erklären, wie alle Instinkte des Nashornvogels, sämtliche angeborenen, ererbten Verhaltensprogramme aufeinander abgestimmt sind und sich gegenseitig sinnvoll ergänzen. An diese so unglaubliche Tatsache, mit der uns im Grunde genommen jedes Tier konfrontiert, haben wir uns ja gerade

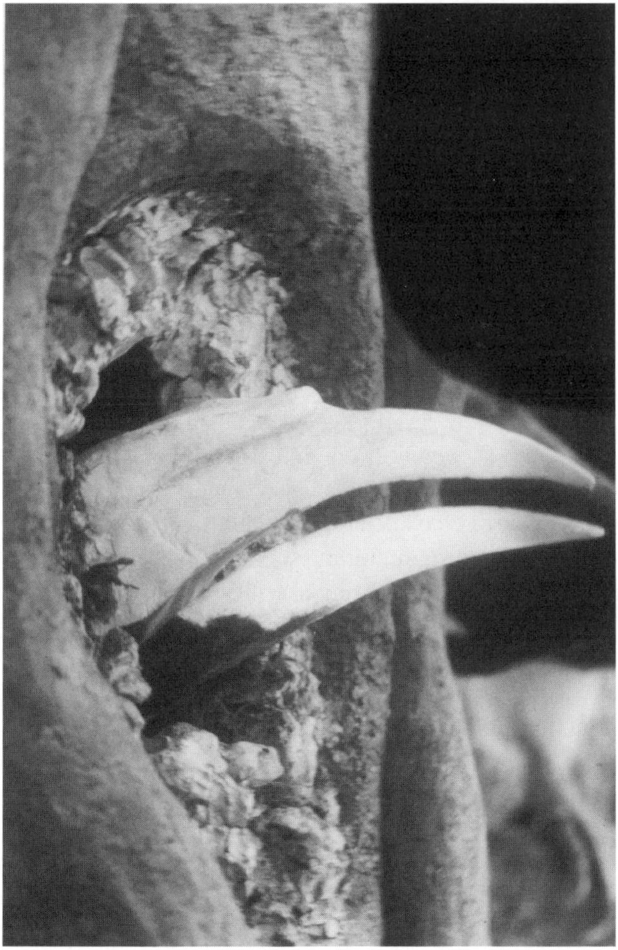

Nashornvogel-Weibchen streckt seinen Schnabel aus dem fast zugemauerten Eingang seiner Nisthöhle.

deshalb leider längst gewöhnt und halten sie in unserem oberflächlich gewordenen Denken und Urteilen für etwas Selbstverständliches! Möglicherweise ist diese Oberflächlichkeit aber auch eine Art Schutzmaßnahme, denn wer könnte es wohl auf die Dauer wirklich verkraften, ununterbrochen zu staunen und sich vergeblich damit abzumühen, das unserem Verstand Unfassbare zu begreifen? Begnügen wir uns deshalb ganz bescheiden damit, nur eine einzige Verhaltensweise, ein Programm gesondert zu bedenken, allerdings dabei des Umstandes wohl bewusst, dass wir es da eben nur mit einem Steinchen im bunten Mosaik des streng geordneten Gesamt-Verhaltensmusters des Nashornvogels zu tun haben: dem gemeinsamen Zumauern des Höhleneinganges.

Wie das Verhalten der Jungvögel, nachdem ihre Mutter die Bruthöhle verlassen hat, beweist, handelt es sich bei der so kunstreichen Maurertätigkeit um ein ererbtes, also angeborenes, ein instinktives Können. Es bedarf keines Erlernens, weil es ganz offensichtlich bis in die Einzelheiten vorprogrammiert ist. Aber erst seit es Zahlen lesende Computer gibt, kann man in etwa ermessen, was es bedeutet, dass dieses Mauern zugleich spezifisch und variabel ist! Spezifisch, weil in der Regel nicht der Anblick von Erdlöchern oder Felsspalten die Reaktion auslöst, sondern jener geeigneter Baumhöhlen. Diese dürfen nämlich nicht etwa nahe am Fuß des Baumes liegen, zu groß sein oder gar zu klein. Die Variabilität indes zeigt sich am überzeugendsten beim Zumauern der Öffnung, die weit oder eng sein kann, hoch oder niedrig, glattwandig oder von völlig unregelmäßigem Umriss. Alledem passt der Nashornvogel seine Reaktionen, seinen Arbeitsgang minutiös an. Das aber bedeutet: Für jede nur erdenkliche Möglichkeit muss in seinem Zentralnervensystem eine Struktur, ein Verknüpfungsmuster der Nervenzellen sozusagen bereitgestellt sein, das all diese nahezu unendlich vielen unterschiedlichen Daten zu verrechnen ermöglicht – so exakt, dass stets das nämliche, sinnvolle Endergebnis dabei herauskommt und das Tier stets die richtigen Bewegungen in der jeweils erforderlichen Reihenfolge zur rechten Zeit für die richtige Dauer ausführt. Wenn es uns gelänge, einen Baucomputer zu konstruieren und so zu programmieren, dass er die gleiche Leistung vollbringt, müsste das eine fast unvorstellbar komplizierte, unförmig große Maschine sein! Sind doch bereits jene Maschinen, die Teile einer Fließbandarbeit in Autofabriken leisten, bewundernswert genug – und doch gestattet ihnen ihr vom

Menschen eingegebenes Programm nur einige wenige Funktionen, die beispielsweise streng an einen ganz bestimmten Karosserietyp gebunden sind und daher keinerlei Variabilität ermöglichen. Es sei denn, der einsichtige, vorausplanende Techniker selbst programmierte die Maschine entsprechend um.

Aber was der Nashornvogel leistet, ist ja in Wirklichkeit noch weit komplizierter und setzt noch viel mehr sinnreiche Nervenstrukturen, Regelkreise und Relais voraus. Jeder dieser beiden Partner beim Mauern verwirklicht ja nur einen ganz bestimmten Anteil des Gesamtprogramms, und dies zudem noch unter jeweils völlig anders gearteten äußeren Umständen. So arbeitet das Weibchen nur solange es in der Höhle sitzt von innen an der Mauer und benutzt dazu seinen eigenen Kot als Mörtel, während das Männchen ausschließlich von der anderen Seite ans Werk geht, Lehm sammelt, herbeiträgt und mit seinem eigenen Speichel als Klebemittel versetzt. Dennoch sind diese beiden Programmhälften derart aufeinander abgestimmt, dass als Ergebnis des gemeinsamen Bemühens etwas Ganzes resultiert: eine fachmännisch ausgeführte Abschlussmauer mit einer genau zur Schnabelgröße des Nashornvogels passenden schmalen Öffnung in ihrer Mitte. An keiner Stelle fehlt auch nur ein einziges Lehmklümpchen, und nirgendwo wäre eines zuviel verklebt! Das aber bedeutet doch nichts anderes, als dass jeder der beiden Arbeitspartner jeden Arbeitsfortschritt des anderen ständig im Auge behält und seinen eigenen nächsten Schritt diesem exakt anpasst und ihn dadurch zielgerecht ergänzt! In jeder Sekunde ist, da die Arbeit zügig voranschreitet, die Situation eine veränderte neue – und doch bringt es der Verrechnungscomputer im Gehirn beider Vögel fertig, all diese neuen, sich geradezu überstürzenden Daten ebenso unglaublich rasch zu verarbeiten und nach dem Verrechnungsergebnis die unmittelbar folgenden Reaktionen der Tiere sinnvoll koordiniert zu steuern. Dieser Schlüssel und dieses Sicherheitsschloss, um bei unserem Beispiel zu bleiben, passen sich in der Tat in jedem Augenblick wieder erneut einander an und wandeln sich genauestens gegenseitig entsprechend.

Da alle drei «Partner», Weibchen, Männchen und die Jungvögel ja genau das gleiche, ganze Verhaltensprogramm geerbt haben, müssen Regulationsmechanismen vorhanden sein, die den jeweils erforderlichen Teil rechtzeitig abrufen, den anderen jedoch ebenso wirksam unterdrücken und inaktivieren. Das können beispielsweise die unterschiedlichen Geschlechtshormone sein. So werden ja auch bei jeder Henne die mitgeerbten Verhaltensweisen des Hahnes durch die weiblichen Geschlechtshormone nur unterdrückt, nicht aktiviert, weil die männlichen Hormone als ihre Auslöser fehlen. Eine Henne, deren Keimdrüsen entfernt wurden und der man männliches Geschlechtshormon einspritzt, benimmt sich tatsächlich wie ein Hahn: Sie wird aggressiv und versucht sogar zu krähen.

Innere wie äußere Faktoren, Hormone und optische sowie andere Reize aus der Umwelt wirken als Auslöser und Regulatoren zusammen. Wenn dabei aber etwas sinnvoll Geordnetes herauskommt, so beweist dies: Hier gibt es wiederum eine übergeordnete Instanz, sozusagen ein Super-Programm, das die Unter-Programme koordiniert. Abermals eine Programm-Hierarchie also, und tatsächlich sprechen Verhaltensforscher schon seit geraumer Zeit von einer hierarchischen Stufenreihe organisierten Verhaltens, von der *Hierarchie angeborener Auslösemechanismen* und motorischer Zentren[18] oder einem hierarchischen Aufbau des Verhaltens, dem eine *zentralnervöse Hierarchie* entspricht, eine Ordnung im Zentralnervensystem[19].

Nein, auch diese Unzahl von Verknüpfungen zwischen über- und untergeordneten Zentren im Nervensystem, die Mannigfaltigkeit der Schaltungen, die Fehler verhindern und das jeweils passende, das richtige Weiterverhalten auslösen, die so vielfach verschlungenen Bahnen, auf denen die Daten der Sinnesorgane diesen Zentren zugeleitet und auf denen, nach entsprechender Verrechnung, deren Befehle an die ausführenden motorischen Organe gelangen, alles zur rechten Zeit in der richtigen, zweckvollen Abfolge – das vermag selbst der tüchtigste Computerfachmann nicht zu über –, geschweige denn zu durchschauen.

Es bedarf nach alledem wohl keines Hinweises mehr darauf, wie unendlich weit allein schon ein nur geringer Teil des Nervenzentrums eines Vogels all unseren Computern überlegen ist, selbst wenn man wiederum davon absieht, dass sich dieser lebende Computer selbst organisiert und erhält. Wenn bereits eine gewöhnliche Reihen-Ordnung (H. Driesch), etwa eine Sortierung von Kartoffeln nach ihrer Größe, niemals einfach von selbst und rein zufällig entsteht, sondern eines von menschlicher Intelligenz ausgeklügelten, ordnenden Systems – hier also einer Sortiermaschine – bedarf, wie absolut aussichtslos, aller Erfahrung und wahrscheinlichkeitsmathematischen Erkenntnis widersprechend wäre es, im Ernst anzunehmen, diese Zentren- und Programmhierarchie im Nervensystem des Nashornvogels sei das Ergebnis sinnfrei-zufälliger, unzusammenhängender und nicht durch irgendeinen Plan gesteuerter Evolutionsschritte!

Als Jakob von Uexküll schrieb, derartige Spekulationen seien *einfach kindisch*, und man solle doch endlich Schluss machen mit jener *albernen Zufallstheorie*, kannte man noch keine Computer, die uns erst die ganze ungeahnte Fülle der zu überwindenden Schwierigkeiten vor Augen führten. Was also würde der berühmte Biologe heute erst sagen?

Auch unsere Kleiber mauern die großen Öffnungen von Spechthöhlen mit Lehm so weit zu, dass nur noch sie hindurchschlüpfen können!

6. Ein «vollkommenes Unkraut»!

Der Philosoph Hermann Keyserling vermerkte während einer Weltreise in seinem Tagebuch: «Tiere sind stets vollkommen! Sie sind der erschöpfende Ausdruck ihrer Möglichkeiten!» Nein – da gibt es wirklich keine Ausnahme. Diese auf vielerlei Beobachtungen, Studium und persönliche Erfahrung gegründete Aussage gilt für alle Tiere und, so muss man sie gerechterweise ergänzen: für sämtliche Pflanzen dieser Erde! Deren gibt es über 400 000 bis heute bekannte Arten, bei den Tieren sind es sogar fast anderthalb Millionen! Und eine jede ist auf ihre Weise schlechterdings vollkommen, eben «der erschöpfende Ausdruck ihrer Möglichkeiten».

Infolgedessen bestätigt sich an jeder einzelnen Art Darwins Befürchtung und widerlegt damit seine Theorie. Schließlich genügt nach seinen eigenen Worten ja bereits ein einziger Fall solcher Vollkommenheit, nur *ein* Organismus, der sich nicht durch allmähliche Summierung neuer, aus Zufallsmutationen entstandener Eigenschaften entwickelt haben könnte, um sie «absolut zusammenbrechen» zu lassen!

Für diese nicht zu übersehende Vollkommenheit, die so sinnreiche Ganzheitsnatur des lebendigen Pflanzenorganismus, zeugen also keineswegs lediglich besonders kompliziert gebaute Orchideenblüten. Jedes ganz gewöhnliche «Unkraut» führt sie uns nicht minder überzeugend vor Augen. Man muss es lediglich einmal sorgfältig betrachten und untersuchen. Das sprichwörtlich bekannte «Kräutchen Rührmichnichtan» (Impatiens noli tangere) ist solch ein wahres Unkraut, das meist in großen Massen die Ränder unserer Waldwege säumt. Seine auffallend großen, leuchtend hellgelben Blüten sind schon für sich allein betrachtet ein wahres Wunder an Vollkommenheit und sinnvoller Zu-Ordnung aller ihrer Teile. Der lange, abwärts gekrümmte Sporn zum Beispiel, in dem – als dem einzig «richtigen» Ort und wohlvorbereiteten «Trinkhorn» – die süßen Blütensaft ausscheidenden Nektardrüsen sitzen, wird aus dem Kelch gebildet. Üblicherweise grün, sind die Kelchblätter bei dem auch Springkraut genannten Blümchen genau so gefärbt wie die Blütenkronblätter und ergänzen sie so in mehrfacher Hinsicht zu einer einheitlichen, fehlerfreien Rachenblüte. Sogar jene auffallend roten Tupfen auf den basalen Teilen der beiden seitlichen Kronblätter setzten sich kontinuierlich auf dem unteren Kelchblatt im Inneren dieses gemeinsam gebildeten «Rachens» fort und weisen als

«Saftmale» den besuchenden Insekten den Zugang zum Nektar im Sporn. Doch auf ihrem Weg dorthin stellt sich – wiederum an der einzigen dafür geeigneten Stelle! – ein Hindernis mitten in den Weg. Es sind fünf kurze Staubblätter, die untereinander verbunden wie ein Miniatur – Kronleuchter von oben in den Blüteneingang hinabragen. So kann es gar nicht ausbleiben, dass eine nektarsuchende Hummel mit ihrem hochgewölbten, dicht behaarten Rücken gegen die aufgeplatzten Staubbeutel stößt und sich mit dem reichlich herausgebürsteten Pollen bepudert.

Der Fruchtknoten und seine Narbe sind zu diesem Zeitpunkt noch nicht ausgereift und liegen versteckt zwischen den Stielchen der Staubbeutel. Eine Bestäubung mit dem eigenen Pollen wird also durch solch unterschiedliche Reifezeiten tunlichst vermieden! Erst nachdem die Staubbeutel nach zahlreichen Insektenbesuchen völlig leergefegt sind und schließlich, nachdem sie jetzt ihre Aufgabe erfüllt haben, abfallen, beginnt der längliche Fruchtknoten zu wachsen und ähnelt dabei mehr und mehr einem kleinen, grünen Gürkchen. Am Ende steht seine jetzt reife Narbe genau an jener Stelle, die zuvor die Pollensäcke der fünf Staubgefäße einnahmen. Kommt nun eine Hummel, bedeckt mit dem Pollen einer kurz vorher besuchten jüngeren Blüte und kriecht, den roten Saftmalen wie dem Duft des Nektars folgend, so weit wie möglich in den Sporn hinein, kann es gar nicht ausbleiben, dass die Narbe über ihren Rücken streift – und die Fremdbestäubung ist vollzogen!

Auch bei dieser Bestäubungssicherung ist ein überlebensfähiges, nicht der Selektion zum Opfer fallendes noch-funktionsunfähiges und erst teilfertiges Entwicklungsvorstadium unvorstellbar. Jede, aber auch wirklich jede Einzelheit dieses so sinnreichen Mechanismus muss ja in fix und fertiger Ausführung vorhanden sein, mitsamt dem exakten, dazu genau passenden Reife-Zeitplan – sonst funktioniert gar nichts und es besteht nicht der geringste «Selektionsvorteil», der eine Weiterentwicklung fördern könnte!

Aber das ist ja beileibe noch nicht alles. Zu echter organismischer Vollkommenheit gelangt unser Springkraut ja erst durch die Ergänzung seiner Blüten durch dieses seltsame «Gürkchen», den reifen Fruchtknoten, der für sich allein betrachtet wiederum eine fehlerfreie Ordnungs-Ganzheit darstellt. Er ist es übrigens, der der Pflanze zu ihrem so ungewöhnlichen Namen verholfen hat. Bereits bei der geringfügigsten

Berührung, etwa durch ein vorbeistreifendes Tier oder auch nur einen Regentropfen «explodiert» diese überempfindliche Kapselfrucht. Ihre fünf miteinander verwachsenen Klappen, die Fruchtblätter, reißen dabei auseinander und rollen sich geradezu blitzschnell uhrfederartig nach innen ein. Dadurch werden die reifen Samen aus dem Inneren der Frucht mit ganz erstaunlicher Wucht herausgeschleudert – und zwar überraschend weit. Diese recht originelle Art und Weise einer bescheidenen Waldbodenpflanze, ihre Samen möglichst rasch und weithin zu verbreiten, setzt allerdings als treibende Energie eine bedeutende Schleuderkraft voraus. Sie kommt dadurch zustande, dass die Außenschicht-Zellen der Kapselwände durch verstärkte Wasseraufnahme unter einer bedeutend höheren Gewebespannung stehen als die darunterliegenden inneren Schichten. Derart präzise ist dieser Spannungsüberschuss bemessen, dass der leichteste noch von außen hinzukommende Überdruck, und sei er, wie gesagt, auch nur durch einen herabfallenden Regentropfen bedingt, das Maß übervoll macht und die Explosion auslöst.

Auch hier kann man sich nun unschwer zusammenzählen, wie viele Voraussetzungen erfüllt sein müssen, damit dieses jähe Aufspringen genau zur rechten Zeit – schließlich müssen die Samen ja voll ausgereift sein! – zustandekommt. Die Liste der gegenseitigen Zuordnungen reicht von den Einzelheiten des morphologisch-histologischen Aufbaues der Springkrautfrucht bis zu den vielfältigen physiologischen Voraussetzungen, die – u.a. – den Überdruck bewirken. Gar keine Frage, dass auch für die Früchte gilt, was bereits die Blüten zeigten: Irgendwelche noch-nicht-fertigen Evolutionsvorstufen nützten der Pflanze absolut nichts. Im Gegenteil! Als funktionsunfähige, keinerlei Aufgabe erfüllende Strukturen stellten sie lediglich einen unnützen Ballast dar und müssten folglich, getreu der Theorie, der Selektion zum Opfer fallen. Auch hier wieder wäre es also ausgerechnet jener doch angeblich Ordnung stiftende Faktor (Huxley) der Evolution, der eben diese Evolution abbricht und damit vereitelt, die Ordnung gar nicht erst zustande kommen lässt.

Junge Springkrautblüte mit reifen Staubbeuteln, die von oben in den Eingang zur Blütenrkonröhre und Sporn hineinragen.

Ältere Springkrautblüte. Die leergefegten Staubbeutel sind abgefallen. Wo sie standen, ist jetzt der Griffel mit seiner Narbe zu erkennen.

Die Wände der platzenden Frucht des Springkrauts rollen sich blitzschnell uhrfederartig auf und schleudern dabei die Samen meterweit fort.

Herausgeschleuderte Springkrautsamen auf der Hand, daneben ein Rest der Fruchtwand.

(Echinodermata) oder Wirbeltiere (Vertebrate) durch eine allmähliche Addition, eine nur-Anhäufung von durch Zufallsmutationen entstandenen neuen Merkmalen und ihrer Selektion im Kampf ums Dasein. Was Wunder also, dass die so unentwegt eifrige Suche nach diesen unterschiedliche Baupläne verbindenden, überleitenden Zwischengliedern (den «missing links») bislang ohne jeden Erfolg blieb? Aus diesem Grund nannte Joachim Illies ja die Paläontologie, die Wissenschaft von den ausgestorbenen Lebewesen «das frustrierende Unternehmen der unauffindbaren Ahnenformen».[20]

Es bleibt in der Tat gar nichts anderes übrig, als Aristoteles und das Ehrenfels-Kriterium einfach zu verleugnen oder zu ignorieren, will man die Theorie retten. Denn diese Erkenntnis der Ganzheitsnatur aller lebendigen Organismen und damit ihrer nicht-Erklärbarkeit durch einen nur summierenden, «additiven» Evolutionsprozess ist wahrlich ihr größter, unverrückbarster «Stolperstein»! Jedoch zuzugestehen, dass der angebliche «Schöpfer Zufall» und das naive (P. P. Grassé) Patentrezept der Selektionstheorie hier grundsätzlich versagen, dass es eben ohne Integration nie und nimmer geht, das bedeutete ja nichts anderes als die Anerkennung von «Geist» als integrierender Instanz jeglicher Höherentwicklung! Das aber will man doch auf gar keinen Fall. Sir Arthur Keith, ein englischer Wissenschaftler, hat just dies einmal mit bewundernswerter Offenheit zugegeben: «Die Evolution (gemeint ist die evolutionistische Theorie, die ausschließlich Zufallsmutation und Selektion als Ursachen anerkennt, Verf.) ist unbewiesen und unbeweisbar. Wir glauben (! Verf.) bloß deswegen an sie, weil wir sonst an eine Schöpfung glauben müssten – und eine solche ist undenkbar.»

Das geflissentliche Ignorieren von Integrationsprozessen zugunsten des alten Zufallsglaubens fällt indessen immer schwerer und verlangt von den unermüdlichen Verteidigern der Theorie mehr und mehr kühne Gedankenakrobatik. Vor allem jedoch, wie Fr. Mauriac bemerkte, viel, sehr viel «frommen Glauben». Um die Theorie doch noch zu retten, betreibt man eine Art Vogel-Strauß-Politik: Man richtet sein Augenmerk zunehmend auf Details, um das «Ganze», diese unerhörte und unübersehbare Mahnung an unsere wissenschaftliche Einsicht und Redlichkeit, «übersehen» zu können. Man betrachtet und untersucht, um ein bekanntes Sprichwort zu zitieren, immer nur einzelne Bäume und verliert den Wald dabei völlig aus den Augen! Der große Bioche-

8. Über Spechte spricht man lieber nicht!

In seinen Jugenderinnerungen schildert der berühmte Biologe Otto Schmeil ein Ereignis, das seinen gesamten Lebensweg fortan entscheidend beeinflussen sollte. Er war als Junge an dem Schulfach Biologie durchaus nicht sonderlich interessiert – bei dem langweiligen, sich vorwiegend in trockener Systematik erschöpfenden Unterricht jener Zeit nur allzu begreiflich. Doch eines Tages wurde er zu seinem alten Lehrer in die Wohnung bestellt, um irgendwelche Hefte abzuliefern. Dort sah er sich unvermutet einem ausgestopften Buntspecht gegenüber, der kunstvoll vor seinem Nisthöhleneingang auf einem Stück Baumstamm montiert zwischen überladenen Bücherregalen an der Wand hing.

Dieser Anblick ließ ihn nicht mehr los. Seine Hefte, den ihn mit brummiger Freundlichkeit empfangenden Lehrer und alles um sich herum vergessend, starrte er fasziniert auf das so lebensecht präparierte Tier. Dabei wiederfuhr ihm, was die Psychologen später ein «Aha-Erlebnis» nannten. Blitzartig, ohne langes Vergleichen oder Nachgrübeln, «intuitiv» also, erkannte Schmeil, dass dieser Vogel schlechthin «vollkommen» ist! Nicht nur, weil er einen ganz besonders langen, kräftigen, scharfrandigen und meißelförmig zugespitzten Schnabel besitzt, nein, er verfügt ja auch über die «dazugehörigen» besonders starken Nackenmuskeln, ohne die jenes vorzügliche Werkzeug zur Holzbearbeitung gar nicht zu gebrauchen wäre.

Doch auch das allein genügte ja bei weitem noch nicht! Ohne seinen sparrigen, hartfedrigen «Stützschwanz», den er dabei fest gegen den Baumstamm presst, fehlte dem Specht der erforderliche «Rückhalt» und er müsste fortwährend aus dem Gleichgewicht geraten. Mehr noch: Würden die Schwanzfedern, wie ansonsten allgemein üblich, in einer fein verästelten Federfahne enden, wären sie bald schon hässlich abgewetzt und unbrauchbar. So aber laufen sie in einer verlängerten, kräftig-elastischen Kielspitze aus! Eines passt, wie von einem genialen Konstrukteur geplant, genau zum anderen. Die absonderlich gestalteten Spechtfüße mit zwei nach vorn und zwei nach rückwärts gerichteten Zehen stellen die einzige sinnvolle Ergänzung des Stützschwanzes eines «Stemmkletterers» dar, weil nur durch diesen «technischen» Trick ausreichend sicherer Halt gewährleistet ist – im Verein mit nadelspitzen, langen Krallen, die selbst in feinste Borkenritzen eindrin-

Schlechthin «vollkommen» ist dieser kleine Buntspecht – vom «Meisselschnabel» bis zum «Stützschwanz» verfügt er über alles, was er für ein «Spechtleben» benötigt!

gen können. Dass die Beine des Spechtes auch extra starke Muskeln besitzen – wen wundert's nach alledem noch?

Was der junge Otto Schmeil an dem toten Präparat allerdings nicht sehen konnte, war die einzigartige Spechtzunge als wiederum «richtige» Ergänzung des langen Meißelschnabels. Vergleichbares findet sich bei keinem anderen Vogel: Gestützt durch ein wahrlich überdimensionales Zungenbein, dessen Enden an der Stirn festgewachsen sind und das sich in weiten Bögen um den ganzen Schädel herumspannt, kann sie zum Beispiel bei unserem Grünspecht mehr als zwanzig Zentimeter weit herausgestreckt werden. Dabei gleitet sie durch eine Art «Leimbeutel» hindurch und wird um und um mit klebrigem Speichel überzogen, an dem Ameisen und andere Insekten hilflos zappelnd hängenbleiben. Die Buntspechte dagegen «harpunieren» ihre Beute regelrecht aus den aufgemeißelten Fraßgängen, denn ihre ebenfalls ungewöhnlich lange Zunge ist nicht klebrig, sondern besitzt in der Tat wie eine Harpune nach rückwärts gerichtete Stacheln, die aufgespießten Insektenlarven keinerlei Chance zum Entrinnen gewähren.

Doch alles, was sich da an «technischen» Einzelheiten gegenseitig so vortrefflich und sinnvoll ergänzt, wäre nutzlos, verfügte unser Specht als einziger Vogel nicht über einen geradezu genialen «Stoßdämpfer» in seinem Schädel. Auf so einzigartige Weise bewahrt er das Gehirn vor Verletzungen, dass unlängst amerikanische Forscher diese rätselhafte Sache genauer untersuchten, um nach dem Vorbild des Spechtschädels neuartige Schutzhelme für Motorradfahrer konstruieren zu können, die selbst bei hartem Aufprallen eine Gehirnerschütterung vermeiden helfen. Es hat sich nämlich herausgestellt, dass die im auffallenden Gegensatz zu anderen Vögeln besonders starkwandige knöcherne Schädelkapsel der Spechte allein keinesfalls ausreicht, um bei einer Schlagfolge von 10-15 Schnabelhieben pro Sekunde auf Äste und Baumstämme – ein Trommelwirbel, der selbst einen versierten Schlagzeuger, mit beiden Händen ausgeführt, ins Schwitzen bringen dürfte! – das so empfindliche Gehirn vor Schäden zu bewahren. So ist es denn nur bei den Spechten unter den Schädelknochen noch einmal zusätzlich schützend von einer extradicken bindegewebigen Hülle umgeben. Nein, nicht einmal der erfahrenste Sturzhelmspezialist hätte auf eine bessere Idee verfallen können!

Aber selbst damit sind wir noch nicht am Ende sämtlicher Voraussetzungen angelangt, die ausnahmslos erfüllt sein müssen, soll ein

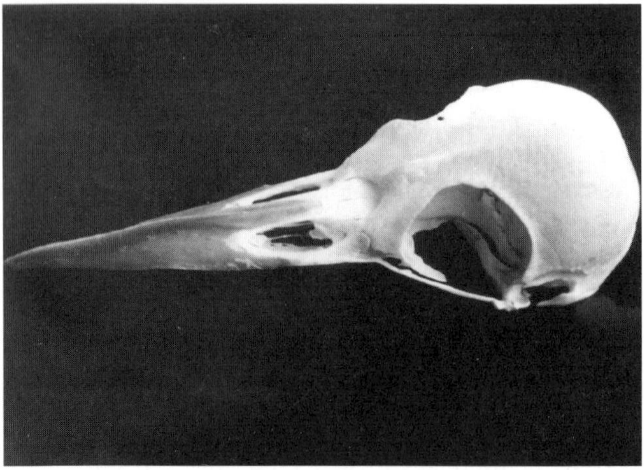

Der Schnabel des Spechtes ist spitz und besitzt drei scharfe Kanten – das ideale Werkzeug zum Meisseln! Die Schädelknochen sind dicker als bei anderen Vögeln.

In seine «Schmiede» – hier einen Spalt in einem morschen Stamm – klemmt der Specht Nadelholzzapfen, um sie mit dem Schnabel so zu zerhacken, dass er an die Samen gelangen kann.

Specht auch wie ein Specht leben können. Dazu muss er schließlich alle seine technischen Mittel auch in der richtigen Art und Weise zu gebrauchen verstehen – und just dazu leiten ihn seine Instinkte, die «angeborenen Gebrauchsanweisungen» für sämtliche Organe, im rechten Augenblick an, ohne dass es eines vorangehenden mühsamen und langwierigen Erlernens bedürfte! Man stelle sich das doch einmal ganz plastisch vor: Einen Specht, der nicht «zufällig» – und eine andere «Erklärung» erlaubt ja die neodarwinistische Ideologie nicht –, die richtigen, sondern die Instinkte einer Ente besäße! Der Bedauernswerte würde also versuchen, mit seinem dazu völlig ungeeigneten Schnabel zu Gründeln und mit Hilfe der Kletterfüße zu schwimmen. Ein vergebliches Bemühen – mehr noch: ein tödliches Unterfangen, denn der Ärmste wäre ja gar nicht mehr dazu fähig, das Wasser durch Auffliegen zu verlassen und müsste elend zugrunde gehen. Durch nur einen einzigen «Fehler» in der «Gesamtplanung», wohlgemerkt!

Es ist also tatsächlich keine Übertreibung, wenn wir feststellen, dass so ein ganz «gewöhnlicher» Specht wirklich vollkommen ist; denn wie anders könnte er sonst auch sein absonderliches «Spechtleben» fristen? Doch wie in aller Welt konnte eine «ganz allmähliche», eine langsame Höherentwicklung über lange, lange Zeiträume zu dieser Vollkommenheit führen, wenn doch alles erst «funktioniert», wenn auch nicht eine einzige der genannten Voraussetzungen – und das sind beileibe noch nicht alle! – mehr fehlt? Gewiss: Vor diese immerhin entscheidende Frage stellt uns ein jeder lebendiger Organismus, aber gerade am Beispiel der Spechte offenbart sich die Unfähigkeit einer «naiven» (P. P. Grassé) neodarwinistischen Theorie, die Ganzheitsnatur der Lebewesen allein durch «Zufall und Notwendigkeit» erklären zu können, selbst dem biologischen Laien auf eine wahrhaft überzeugende Art und Weise.

Jedoch ganz abgesehen von der astronomischen Unwahrscheinlichkeit, dass sämtliche unerlässlichen Voraussetzungen des Spechtlebens ausgerechnet gerade so und ohne den geringsten Fehler, die winzigste «Panne», zusammengetroffen wären: Es hätte dieses aller Vernunft und Wahrscheinlichkeitsmathematik widersprechende Ereignis also auch noch schlagartig eintreten müssen, denn alle noch-nicht-fertigen, mithin unvollkommenen Vorstufen wären ja nach einem unumstößlichen Dogma der Evolutionstheorie der unbarmherzigen, alles nicht Lebensfähige ausmerzenden Selektion zum Opfer gefallen!

Spuren der Meisseltätigkeit von Spechten im gesunden Holz einer alten Fichte.

Diesen unlösbaren Widerspruch in der darwinistischen «Theorie der Hoffnungslosigkeit» (P. P. Grassé) führt gerade das Beispiel der Spechte wiederum eindrucksvoll vor Augen. Man stelle sich doch diese wahrhaft vertrackte Situation nur einmal in aller Deutlichkeit vor. Da zwingen in irgendeiner Umweltsituation, in einer «ökologischen Nische», die besonderen Ernährungsverhältnisse Vögel plötzlich dazu, sich entsprechend umzustellen – ihr Futter nicht mehr auf dem Boden, an Ästchen und Zweigen zu suchen, sondern Insektenlarven aus ihren Fraßgängen im morschen Stammholz herausholen zu müssen. Irgendwann hat – getreu der Theorie! – dann einer glücklicherweise durch eine «zufällig» just zur rechten Zeit erfolgte blinde, richtungs- und ziellose Mutation ausgerechnet einen längeren Schnabel erhalten als seine weniger glücklichen Artgenossen.

Ein wahres Himmelsgeschenk (oh! Pardon: ein Darwinismusgeschenk natürlich!), das ihm also einen «Selektionsvorteil» beschert. Doch ach, er kann leider nichts mit ihm anfangen! Im Gegenteil, er ist nur hinderlich, dieser lange, eigentlich ja so zweckmäßige Holzmeißel – denn leider, leider fehlt zur rechten Verwendung die «angeborene Gebrauchsanweisung» Instinkt. Doch machen wir großzügig ein Zugeständnis, selbst wenn es aller Wahrscheinlichkeitsrechnung spottet, und nehmen einmal an, zufällig sei gleichzeitig eine zweite, nicht minder blinde und ziellose Mutation erfolgt, die ausgerechnet *diese* Instinktänderung bewirkte. Nun versucht unser doppeltmutierter zukünftiger Specht also zu meißeln. Doch der Ärmste verliert schon beim ersten Ansatz das Gleichgewicht, weil er weder den erforderlichen Stützschwanz zur Verfügung hat, noch bis dato die passenden Zehen mit entsprechenden Krallen. Kopfunter purzelt er hilf- und haltlos von seinem Baum herunter, auf dem er seine «halbfertige» Kunst probiert, und wird, noch bevor er verhungert, eine leichte Beute seiner natürlichen Feinde.

Aber geben wir ihm noch eine Chance – der Phantasie sind ja, im Gegensatz zur unerbittlichen Naturwirklichkeit, keinerlei Grenzen gesetzt! Nehmen wir der Einfachheit halber an, er hätte eine provisorische Art des Sich-Festklammerns erfunden, eine Übergangslösung sozusagen, um auf eine freilich mühsam-umständliche Weise dennoch meißeln zu können. Wie lange hätte er diese Tortur wohl durchgehalten – ohne kräftige Nackenmuskeln und den speziellen «Stoßdämpfer» um sein Gehirn? Und wie eigentlich hätte er, ohne lange Spechtzunge, die

Larven aus den aufgemeißelten Fraßgängen herausholen sollen? A propos Spechtzunge: Wenn sich diese Überharpune *vor* dem stützenden Zungenbein und nicht exakt gleichzeitig *mit* ihm entwickelt hätte, wäre unser armer Specht bereits vor dem ersten Versuch, dieses neue Werkzeug in der richtigen Weise zu benutzen, daran erstickt. Allerdings: Um es benutzen zu können, fehlte ihm zudem ja noch der Instinkt!

Man könnte nun – oh Freiheit der Gedanken! – die hypothetische Specht-Evolution natürlich auch sozusagen am anderen Ende des Vogelkörpers beginnen lassen, am Schwanz also oder an den Füßen. Doch weder ein das Meißeln im doppelten Wortsinne «unterstützender» Schwanz, noch Spechtfüße bedeuten irgend einen Überlebensvorteil im Kampf ums Dasein, solange der dazu «passende» Schnabel, die Harpunenzunge mit entsprechender Zungenbeinstütze, Nackenmuskulatur, «Stoßdämpfer» usw. noch fehlen. Man mag es drehen und wenden, wie immer man will – es wird nichts aus der Sache! Niemals kann bei diesem langewährenden Zufallswürfelspiel irgendetwas Vernünftiges herauskommen!

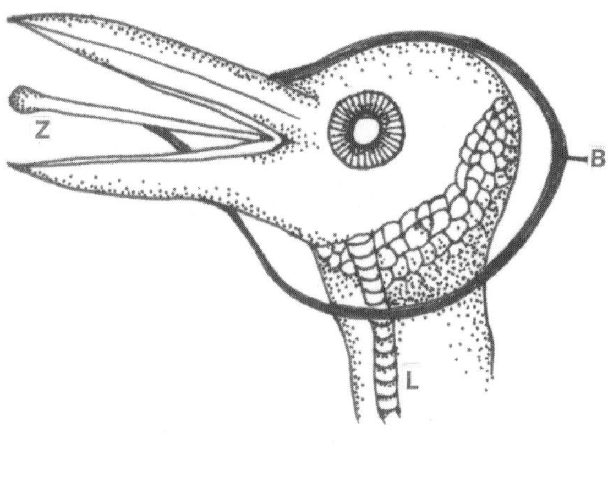

Der stark verlängerte, knöcherne Zungenbein-Bogen B schiebt, von Muskeln bewegt, die Zunge Z, die zweieinhalbmal so lang ist wie der Schnabel, weit aus diesem heraus. L = Luftröhre (Schemazeichnung).

9. Warum denn gleich schießen?

Zu den überzeugendsten Stolpersteinen und Fallstricken des Evolutionismus gehören jene zahllosen Fälle, wo besondere, meist recht komplizierte Strukturen und Fähigkeiten ausgebildet wurden, die ganz offensichtlich überflüssig sind. Wie in aller Welt könnte man denn auch derartige Bildungen durch einen «Selektionsdruck» erklären, wenn sie überhaupt keinen Überlebensvorteil im Kampf ums Dasein mit sich bringen? Im Gegenteil: Solche hochkomplexen Einrichtungen wie etwa die unseres ganz gewöhnlichen Sauerklee (Oxalis acetosella) zum Fortschießen seiner Samen, stellen eher eine Benachteiligung in diesem harten Konkurrenzkampf dar. Sind sie doch eben wegen dieser Komplexität auch wesentlich störanfälliger als einfachere, dafür um so vitalere Wege der Samenverbreitung! Zudem gilt natürlich gerade für sie wieder: Da sie erst funktionieren, wenn eine ganze Reihe recht unterschiedlicher Voraussetzungen erfüllt sind, ist an eine allmähliche Schritt-für-Schritt-Evolution aus bereits mehrfach dargelegten Gründen gar nicht zu denken!

Doch zunächst einmal erweist sich dieses bescheidene Waldbodenblümchen auch im Hinblick auf seinen Standort, seinen anatomischen Bau und seine Reaktionen wieder als echte Ganzheit. Es kommt als ausgesprochener Schattenspezialist selbst noch mit nur einem Fünfzigstel des vollen Tageslichtes aus. Ja, andere Autoren geben sogar ein Zweihundertstel als Mindestlichtstärke an.[22] Seine an den Klee (Name!) erinnernden dreizähligen, langstieligen Blätter zeigen bei Regenwetter oder sobald die Nacht hereinbricht eine für Pflanzen überraschende Fähigkeit: Ihre drei herzförmigen Teilblättchen, deren Mittelrippen ansonsten exakte Winkel von jeweils 120 Grad zwischen sich einschließen, klappen nach unten! Dadurch wird ihre Wärmeabgabe eingeschränkt. Aber auch bei allzu grellem Sonnenlicht, etwa nach einem Kahlschlag, weichen die Teilblättchen durch die gleiche Bewegung, die der Botaniker Nastie nennt, dem Übermaß an Bestrahlung aus. Selbstverständlich wäre sie ohne ein entsprechendes Gelenk an der Ansatzstelle der Teilblättchen am Stiel nicht möglich. Und so – wen wundert's noch! – entdeckt man ein solches auch an der einzigen dafür in Frage kommenden, der richtigen Stelle. Die Bewegung kommt durch eine sehr rasche Verminderung des Saftdruckes (Turgor) auf der Unterseite eines Polsters aus besonders zartrandigen Zellen zustande,

Im Waldesschatten stehen die Sauerklee-Blattfiederchen waagrecht und bilden zwischen ihren Mittelrippen Winkel von 120 Grad.

Im hellen Sonnenlicht klappen die herzförmigen Blattfiederchen nach unten und bieten dem Licht nur noch ihre Schmalseiten.

das diese Ansatzstelle am Stiel des Blattes umhüllt. Es handelt sich um eine echte hydraulische Bewegung in einer Art Scharnier. Im Übrigen handelt es sich bei dieser plötzlichen Turgor-Verringerung um einen physiologisch recht komplizierten Vorgang, bei dem energieverbrauchende Ionenwanderungen stattfinden und der noch immer nicht völlig geklärt ist.

Weit raffinierter jedoch mutet jener verblüffende Mechanismus an, der die reifen Samen unseres Sauerklee aus ihrer Fruchtkapsel regelrecht herausschießt – und das bis zu zwei Meter weit! Diese erstaunliche Fruchtkapsel ist fünffächerig und jedes Fach birgt ein bis zwei Samen. Jeder ist von einer fleischigen Hülle eingeschlossen, deren saftiges Schwellgewebe eine außergewöhnlich elastische Außenhaut unter hohe Spannung versetzt. Diese Haut ist vorn – also genau an der einzig sinnvollen Stelle! – am dünnsten. Dort also muss sie platzen, sobald der Druck des Schwellgewebes, das sie umschließt, eine bestimmte, festgelegte Stärke erreicht hat. Dabei kommt dann die gespeicherte Spannung plötzlich zum Ausgleich. Während sich die elastische Außenhaut stark zusammenzieht, stülpt sich die gesamte fleischige Hülle um den Samen ruckartig um und übt dadurch auf den nun freiliegenden Samen einen erheblichen Druck von hinten aus. Die Wand der Samenkapsel reißt an einer vorgezeichneten (!) Trennstelle auf, während sie der Same regelrecht durchschießt.

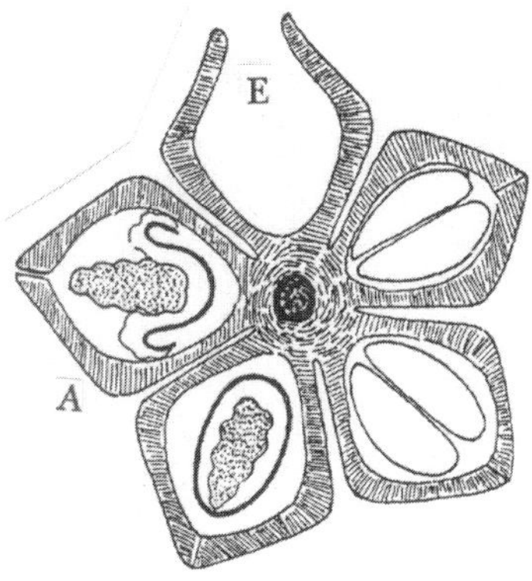

Querschnitt durch die Fruchtkapsel des Sauerklees. Ein Fach (E) ist bereits entleert, der Same weggeschleudert. Daneben (A) ein Fach, in dem die Samenhülle gerade «explodiert». Unten ein Fach noch «in Ruhe», die beiden anderen mit jeweils zwei Samen in ihrer Hülle. (Nach Bertsch, ver.)

Verzichten wir darauf, im Einzelnen zusammenzurechnen, was alles sich hier gegenseitig sinnvoll und zum rechten Augenblick er-gänzen muss, damit dieser so ausgeklügelt anmutende Mechanismus auch zur richtigen Zeit (und nicht etwa bereits dann, wenn der Same noch unreif ist!) auf die rechte Weise funktioniert und abermals zu erläutern, weshalb noch-nicht-fertige Entwicklungsvorstufen dem Kampf ums Dasein zum Opfer fielen. Im Augenblick mag die überraschende Erkenntnis vollauf genügen, dass diese gesamte hochkomplexe Ballistik absolut unnötig ist! Schließlich gibt es unzählige Pflanzen, die völlig ohne dergleichen auskommen! Aber allein schon die Feststellung, dass die ebenfalls in Massen unsere Laubwaldböden zierenden Anemonen (Anemone nemorosa: Buschwindröschen) ganz ohne einen Samenschussapparat auskommen und sich dabei wahrlich nicht weniger erfolgreich vermehren und im Kampf ums Dasein behaupten als der Sauerklee, beweist ja:

Niemals kann es hier einen Selektionsdruck in Richtung auf diese zwar höchst originelle, aber ansonsten durchaus überflüssige Art der Samenverbreitung durch «Schießen» gegeben haben. Denn dann dürfte es ja schon längst keine Anemonen mehr geben! Ebensowenig übrigens, wie es – nach den Worten von Joachim Illies – heute neben dem Menschen, dem höchstentwickelten Vertebraten, noch eine andere nicht-pflanzliche Art von Lebewesen auf unserem Planeten geben dürfte. Hätte ein zwingender Selektionsdruck in Richtung Homo sapiens bestanden, müsste der unbarmherzige Kampf ums Dasein ja logischerweise alle anderen, nicht-menschlichen Arten längst ausgemerzt haben! Schon vor über hundert Jahren spottete der bekannte Schweizer Botaniker Karl von Naegeli über die verzweifelten Versuche der Darwinisten, durch «Selektion» Ordnung und Höherentwicklung im Reiche des Lebendigen erklären zu wollen. Das wäre nämlich, so meinte er, gerade so, als bekäme einer, der fragte, warum jener Baum dort eigentlich Blätter habe, zur Antwort: «Weil sie der Gärtner nicht abgepflückt hat!»

10. Fischblut ist nicht immer kalt!

Das seltsame, ja faszinierende Verhalten des Dreistachligen Stichlings (Gasterosteus aculeatus) stellt in unserer einheimischen Tierwelt das vielleicht schönste, mit Sicherheit aber das interessanteste Beispiel für eine vergleichbare unnötige Verkomplizierung dar. Wenn man bedenkt, auf welch verblüffend einfache Art und Weise etwa unsere Forellen oder gar die Heringe die Erhaltung und Verbreitung ihrer Art sichern, und welch unbegreifliche Mühe sich dieser arme Stichling gibt, um dadurch letzten Endes doch nur einen weitaus geringeren Erfolg zu zeitigen, muss man sich abermals die Frage stellen: Ist es wirklich denkbar, dass ein derartiges Instinktverhalten nichts anderes darstellt als das Ergebnis zufälliger, ungerichteter Mutationen und eines numinosen Selektionsdruckes?

Wie außerordentlich leicht machen es sich doch diese Forellen! Das weibliche Tier fegt durch kräftige Schläge mit seinem Schwanz eine kleine Kuhle auf dem mit Sand und lockerem Kies bedeckten Bachboden aus. In diese Kuhle legt es seine runden Eier – und unmittelbar danach schwimmt das wartende Männchen, der «Milchner» darüber und scheidet seinen Samen aus. Damit ist die Befruchtung einer ausreichenden Zahl von Eiern gewährleistet, und die beiden Eltern haben ihre Schuldigkeit getan. Weiterhin zu kümmern brauchen sie sich nämlich nicht um ihren Nachwuchs.

Ganz anders hingegen unsere Stichlinge! Wenn sich im Frühjahr die Gewässer langsam erwärmen, ändert sich das Verhalten der Tiere auffallend. Während sie etwa von August bis März friedlich als Schwarm im tieferen Wasser zusammen lebten, sondern sich nun die Männchen ab und verlassen als erste diese Gemeinschaft. Die steigende Wassertemperatur wurde über Empfindungsnerven an das Gehirn gemeldet und löste dort die Bildung bestimmter Hormone aus, die ihrerseits nun bewirken, dass die Tiere unruhig werden und sich auf die Suche nach einem geeigneten Nistplatz begeben. Sobald das Stichlingsmännchen eine solche Stelle gefunden hat, beginnen seine Keimdrüsen mit der Produktion des männlichen Geschlechtshormons Testosteron. Dadurch wird der *kaltblütige* Fisch, dessen Bluttemperatur wie bei allen wechselwarmen Tieren in der Tat ganz von der seiner Umgebung, hier also des Wassers, abhängt, plötzlich angriffslustig. Aggressiv verteidigt er nun *sein* Revier, das er in Besitz genommen hat und zeigt sogar durch eine nicht zu übersehende Veränderung seines Äußeren jedem Eindringling des eigenen Geschlechts seine Kampfbereitschaft an: Der Bauch färbt sich intensiv rot, der bis dahin graubraune Rücken wird türkisgrün, und seine Augenfarbe wechselt über in ein leuchtendes Blau. Nur selten kommt es allerdings zu einem echten Kampf, wobei der Revierinhaber, sobald der Eindringling mit dem Schwanz nach ihm schlägt, kräftig auf die gleiche Weise antwortet. In der Regel aber genügt bereits das Drohen durch sein *Farbe-Bekennen*, um revierfremde Männchen in die Flucht zu schlagen. Danach endlich kann der rechtmäßige Revierbesitzer in Ruhe ans Werk gehen. Mit seinem Maul nimmt er an einer dafür besonders günstigen Stelle Sand auf, trägt ihn eine kurze Strecke – etwa 15 Zentimeter weit – fort und lässt ihn dort einfach fallen. Auf diese Weise entsteht bald eine kleine Grube, in die der Unermüdliche Algenfäden einträgt und mit dem Sekret seiner Nieren verklebt. In einigen Stunden – mitunter vergehen aber auch Tage darüber – baut er so ein regelrechtes Nest, eine kleine grüne Kugel, durchbohrt von einem Tunnel. Hat das Stichlingsmännchen diese mühsame Arbeit endlich abgeschlossen, dann färbt sich sein Bauch noch tiefer rot, und der Rücken beginnt nun weißbläulich zu glänzen.

Auch die Stichlingsweibchen verändern in der Zwischenzeit ihr Aussehen, obwohl sie noch immer im Schwarm zusammenbleiben. Ihre Haut schimmert silbrig, und der Bauch wird durch viele Eier aufgetrieben. Nähert sich nun ein reifes Weibchen dem Revier eines Stichlingsmännchens, so beginnt dieses in einem auffälligen *Zickzacktanz* ihm entgegen zu schwimmen. Sobald sich, durch dieses Gebaren des Männchens offensichtlich dazu *aufgefordert* und angeregt, das Weibchen nun schräg aufwärts stellt und dabei seinen dick aufgetriebenen Bauch vorweist, macht das Männchen kehrt und schwimmt ihm voran zum Nest hin. Für das Weibchen hat dieses so demonstrative Vorausschwimmen des Männchens offenbar Aufforderungscharakter: Es schwimmt wie gezogen hinter ihm drein. Beim Nest angekommen, steckt das Männchen, während es erregt mit den Brustflossen fächelt, seinen Kopf in den Eingang, als wollte es seiner Partnerin unmissverständlich zu verstehen geben: Hier geht's lang – da musst du nun hineinschlüpfen! Tatsächlich reagiert das Weibchen auf diesen *Hinweis* auch ganz entsprechend. Es drängt sich so weit in den Nesttunnel hinein, bis nur noch seine Schwanzwurzel mit der Schwanzflosse zum

Eingang herausschaut. Dieser Anblick wiederum stimuliert das wartende Männchen zu einem höchst merkwürdigen Benehmen. Mit seiner Schnauze trommelt es in raschen Stößen gegen die Schwanzwurzel des Weibchens. Seine *Schnauzentriller* sind offensichtlich für das geduldig im Nesttunnel Weibchen das Signal, endlich seine Eier loszuwerden. Es laicht also ab und verlässt das Nest durch dessen *Hinterausgang*, ohne sich weiter um das Schicksal der Eier und seiner bald daraus schlüpfenden Nachkommen zu kümmern. Anders das Männchen. Sobald das Weibchen das Feld, will sagen das Nest, geräumt hat, schwimmt es in den Tunnel hinein und wird von dem Anblick der Eier veranlasst, diese unverzüglich zu besamen. Wenn es das Nest wieder verlässt, hat sich sein Verhalten dem Weibchen gegenüber, falls sich dieses immer noch in der Nähe herumtreiben sollte, grundlegend geändert. Sobald das Männchen seiner ansichtig wird, verjagt es die ehemalige Gefährtin rigoros aus seinem Revier. Mit abwärts geneigtem Kopf *stellt* es sich nun vor den Nesteingang und treibt durch emsiges Fächeln mit den Brustflossen einen Strom frischen, sauerstoffreichen Wassers über die befruchteten Eier.

Nach ungefähr einer Woche (maximal 8 Tagen) schlüpfen die Jungen endlich aus. Aber der geplagte Vater ist auch dann noch nicht von der Last der Brutpflege befreit! Zwei Wochen wird es immerhin noch dauern, bis sich der Jungfischschwarm endlich auflöst. So lange bewacht er ihn und fängt jedes einzelne Junge, das sich vom Schwarm abgesondert hat, mit dem Maul wieder ein, trägt es zur schutzgewährenden Gemeinschaft zurück und spuckt es dort regelrecht wieder aus.

Diesem gesamten, recht komplexen Handlungsablauf von der ersten Begegnung der beiden Partner bis hin zum Selbständigwerden der Jungfische liegt ohne Zweifel ein detaillierter Plan zugrunde. Was hier geschieht, befolgte Schritt für Schritt ein von allem Anfang an festliegendes *Programm* im Dienste der Fortpflanzung. Nein, dabei ist absolut kein Raum für irgendwelche Zufälle, für gesetzlose Beliebigkeiten und Willkür, die den Gesamtablauf lediglich stören, ja den biologischen Sinn des Geschehens, die Arterhaltung nämlich, vereiteln würden. Jede Zufälligkeit wäre hier ebenso sinnlos und zerstörerisch, wie ein beliebiges Dazwischenblasen oder -trommeln, -pfeifen etc. während der Aufführung einer Beethoven-Symphonie! Nein, hier herrscht eine strenge, mustergültige, sinnvolle Ordnung, die kein Abweichen und

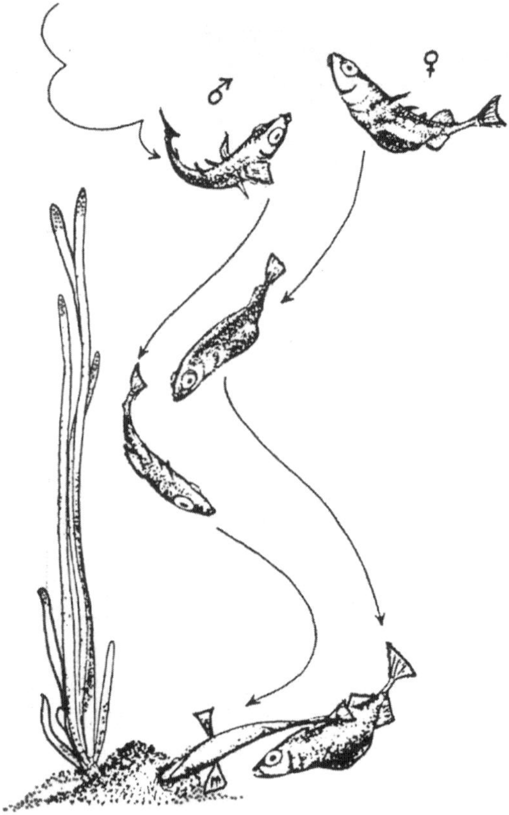

«Schnauzentriller»

deshalb auch gar kein anderes als das offensichtlich angestrebte Ergebnis und Ziel zulässt. Jede Reaktion des einen Partners wird zum *Auslöser* für die exakt dazu passende des anderen, die nun ihrerseits wiederum den nächsten, stets richtigen Schritt zur rechten Zeit bestimmt. Die beiden spielen sich sozusagen die Bälle nach feststehenden Spielregeln abwechselnd zu. Wie bei einem wohleinstudierten Ballett sind sämtliche Einzelbewegungen der Partner so aufeinander abgestimmt, dass ein harmonisches Ganzes daraus resultiert. Das wechselweise Senden und Beantworten von Signalen ist derart klar und

Balz des Dreistachligen Stichlings. (Nach Tinbergen, verändert)

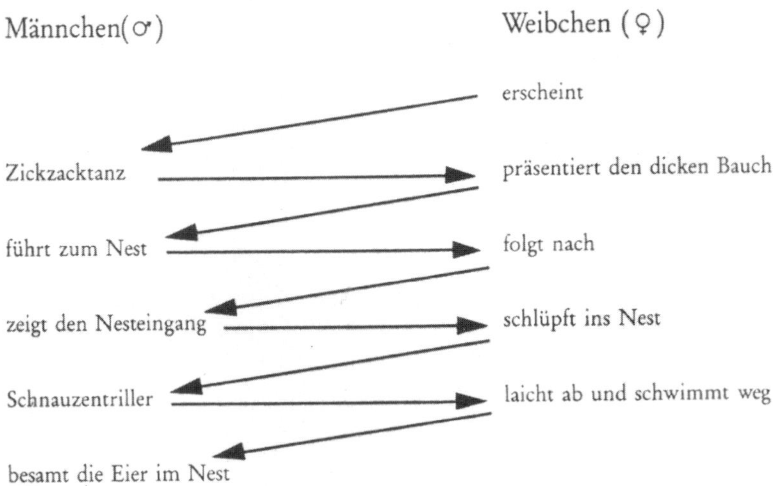

unmissverständlich, dass es sich leicht in einem übersichtlichen Schema darstellen lässt.

Die Rolle der *Auslöser* oder *Schlüsselreize* lässt sich jederzeit experimentell nachprüfen. So reagiert beispielsweise das Stichlingsmännchen, sobald es ein Revier in Besitz genommen hat, auch dann aggressiv, wenn man ihm nur eine Stichlings-Attrappe zeigt, die, an einem Draht hängend, im Wasser auf es zubewegt wird. Sie muss nicht einmal besonders lebensecht aussehen. Es genügt schon eine recht plumpe Nachbildung ohne viel Stichlingsähnlichkeit, nur: Eine rote Bauchseite muss sie haben, sonst bleibt die Antwortreaktion des Revierinhabers aus, weil er gar keine Notiz von ihr nimmt! So ist also das Zeichen *roter Bauch* für ein Stichlingsmännchen der Auslöser des Revierverteidigungsverhaltens, für ein Stichlingsweibchen dagegen, und auch das lässt sich unschwer im Experiment zeigen, der Auslöser für das Zeigen seines prall mit Eiern gefüllten Bauches sowie das Nachfolgen zum vorbereiteten Nest.

Nur eine Weibchenattrappe mit solch dickem Bauch löst das Balzverhalten des Männchens aus, wie vorher der Anblick seiner selbst ausgehobenen Grube im Bodensand als *Schlüsselreiz* das Eintragen von Nestbaumaterial. Schüttet der Experimentator die Nistgrube sofort wieder zu, dann unterbricht das Stichlingsmännchen die normale Handlungsfolge und beginnt, sozusagen wieder um einen Schritt rückwärts, erneut zu graben. Es bedarf also jeweils des ganz spezifischen Auslösers oder Schlüsselreizes – in diesem letzten Fall des Anblicks der offenen Nestgrube – um die nächstspezielle Handlungsbereitschaft zu aktivieren.

Wie unerbittlich und starr – man möchte geradezu sagen wie *stur* – diese eine bestimmte Handlungsfolge festgelegt ist, wie wenig das gesamte *Ritual* einer Stichlingsbalz etwas mit Einsicht und Absicht zu tun hat, und dass sie in der Tat einem Computerprogramm vergleichbar *abgespult* wird, das zeigt sich wohl am überzeugendsten, wenn man sie gerade im entscheidenden Augenblick unterbricht. Der Anblick des Weibchens im Nest löst normalerweise das Schnauzentrillern oder *Schnauzentremolo* des Männchens aus. Wenn nun der Experimentator das Stichlingsmännchen, noch bevor es damit beginnen kann, fortscheucht oder aus dem Versuchsaquarium herausfängt, so dass das Betrillern unterbleibt, laicht das Weibchen auch nicht ab. Es verharrt eine Weile wie abwartend im Nest und verlässt es schließlich unverrichteter Dinge. Sobald jedoch der Experimentator das Schnauzentrillern des Männchens durch entsprechende rhythmische Stöße mit einem Glasstab gegen die aus der Nestöffnung herausragende Schwanzwurzel des Weibchens nachahmt, laicht es sofort ganz normal ab. Als Auslöser des nächsten Schrittes genügt allein das dafür spezifische Signal – gleichgültig, ob es nun vom Stichlingsmännchen herrührt oder nicht.

Die geradezu dramatische Handlungsfolge der Stichlingsbalz im rein evolutionistischen Sinn erklären zu wollen, erscheint als ein absolut aussichtsloses Bemühen. Es wäre allzu absurd, im Ernst anzunehmen, dieses hochkomplizierte, so überaus exakte Zusammenspiel zweier Partner sei durch nichts als blinden Zufall zustandegekommen. Konsequenterweise müsste man dann nämlich darauf bestehen, dass der Zufall und *nichts als der Zufall*, die *gesetzlose Beliebigkeit*, einem *blinden Uhrmacher* (Dawkins) vergleichbar, ein Maß an sinnreicher Ordnung hervorgebracht habe, das all unsere moderne Technik einschließlich sämtlicher bisher geplanter und konstruierter Computer nicht einmal entfernt vergleichsweise verwirklichen konnte! Das in diesem Fall wirklich *blinde* Vertrauen in die angeblich schöpferischen Kräfte eines sinn- und zielfreien Zufallsgeschehens müßte geradezu unendlich viel größer sein als das in unsere menschliche Vernunft, in Wissenschaft und Technik. Dies jedoch wäre nun in der Tat *absurd.*

Es ist unvorstellbar, dass ein ganzheitlich orientiertes Geschehen, innerhalb dessen jede einzelne Teilhandlung ihren unverzichtbaren und unverrückbaren Stellenwert besitzt und in strenger Zuordnung zur vorangegangenen wie der nachfolgenden steht, im Laufe einer schier unendlich langen Evolution *ganz allmählich* zustande gekommen sein soll. Wie zahllose Experimente immer wieder aufs neue bestätigten, ist jeder einzelne *Schritt* dieses Balztanzes ausschließlich vom unmittelbar vorangegangenen verursacht und seinerseits ebenso ausschließlich Ursache des folgenden, und die geringfügigste Störung macht alles zunichte.

Das aber besagt doch schließlich nichts anderes, als dass während einer solchen allmählichen Evolution die angeblich rein zufälligen Einzelmutationen nicht minder ausnahmslos in dieser genau festgelegten Reihenfolge nacheinander hätten erfolgen müssen! Allerdings bedeutet es schon eine unzulässige, erhebliche Vereinfachung zugunsten dieses *Zufalls*, anzunehmen, jeder dieser Balz-Schritte sei lediglich durch *eine* Mutation verursacht! Immerhin potenziert sich ja die Unwahrscheinlichkeit für das zufällige Zustandekommen einer neuen Verhaltensweise, die den bereits vorhandenen sinnvoll, das heißt also aufgabengerecht zu- und eingeordnet ist, wenn gar mehrere getrennte Ursachen-Ereignisse dafür verantwortlich zu machen sind! Ja, diese angeblichen Zufallsmutationen müssten sich darüberhinaus auch noch gewissermaßen *im Gleichschritt* bei beiden Geschlechtern ereignen, also die zufällig zueinander passenden auch noch zufällig zur gleichen Zeit zufällig jeweils beim richtigen Geschlecht, denn andernfalls könnten ja die weiterführenden Reaktionen beim Partner nicht ausgelöst werden und alles, aber auch restlos alles bisher Erreichte wäre zur Sinnlosigkeit verurteilt! Armer, maßlos überstrapazierter *Zufall*! Selbst der würdige alte Philosoph Gottfried Wilhelm von Leibniz († 1716) wäre wohl unter seiner wallenden Allonge-Perücke in ein zu seiner Zeit ganz unziemliches schallendes Gelächter ausgebrochen, hätte irgendjemand die damals zweifellos als *närrisch* bezeichnete Meinung geäußert, eine derartige Harmonie sei keine *prästabilierte*, wie er es nannte, also keine von Anfang an geplante und angestrebte, sondern nichts als das Ergebnis einer Reihe sinnloser Zufallsereignisse! Solange zudem der letzte, der wirklich allerletzte, abschließende Mutationsschritt noch nicht erfolgte, konnte das gesamte verwickelte Balz-Ballett der Stichlinge ja noch nicht aufgeführt werden!

Wie der Versuch mit dem verhinderten Schnauzentriller beweist, genügt ja der Ausfall auch nur eines einzigen Signals selbst ganz am Ende der Handlungskette, um alles bereits Geschehene und bisher Erreichte zur Sinnlosigkeit zu verdammen. Es war also alles sinnlos und unnütz, was vor dieser letzten Zufallsmutation zustandegekommen war und hätte, falls die Theorie zuträfe, als das normale Leben der Tiere hemmender, schädlicher Ballast spätestens nach den zwei, drei ersten Schritten der Selektion, der unerbittlichen Auslese im Daseinskampf zum Opfer fallen müssen. In der Tat: Auch hier *frisst die Revolution ihre Kinder*, die Zufallsmutations-Selektionstheorie widerlegt, ja annulliert sich selbst durch ihre logische Schlussfolgerung! Oder gibt es da doch noch einen Ausweg aus solch unerbittlicher Sackgasse evolutionistischen Drauflosspekulierens? Wäre es nicht denkbar, dass zu dieser Harmonie als Endergebnis einer langen Entwicklung lauter Vor- und Zwischenstufen hinführten, die auf ihre besondere Weise in sich abgeschlossen waren und deshalb auch *funktionierten*?

Doch selbst wenn man von der abermaligen Potenzierung der Unwahrscheinlichkeit eines derartigen Ereignisablaufes ganz absieht: Gerade in diesem Fall hätte doch überhaupt kein Grund für eine weitere Evolution mehr bestanden, streng genommen bereits nach dem ersten *Schritt* schon nicht mehr! Ja, diese weitere Evolution hätte letzten Endes nur noch Nachteile für die davon betroffenen Tiere bedingt, denn je komplizierter das ganze Geschehen wurde, um so rascher wuchs dadurch auch seine Störanfälligkeit. Mithin also wären seine Akteure gerade nicht die *Tüchtigsten*, the fittest zum Überleben, sondern ausgerechnet jene mit einer sehr viel geringeren Aussicht, den Kampf ums Dasein bestehen zu können. Nicht von ungefähr gibt es ja weit mehr Heringe als Stichlinge, denn die Heringe vermehren sich nun einmal ohne vergleichbare komplizierte Rituale viel erfolgreicher – und nach Darwin ist doch gerade die Zahl der Nachkommen der Maßstab für die Überlebenstüchtigkeit. Tatsächlich möchte man angesichts dieser so umständlichen, leicht durch Umwelteinflüsse störbaren Balz des Stichlings fragen: Wozu das alles überhaupt, wo es doch sicherer, erfolgreicher und mit weit, weit weniger Zeit- wie Energieaufwand ginge?

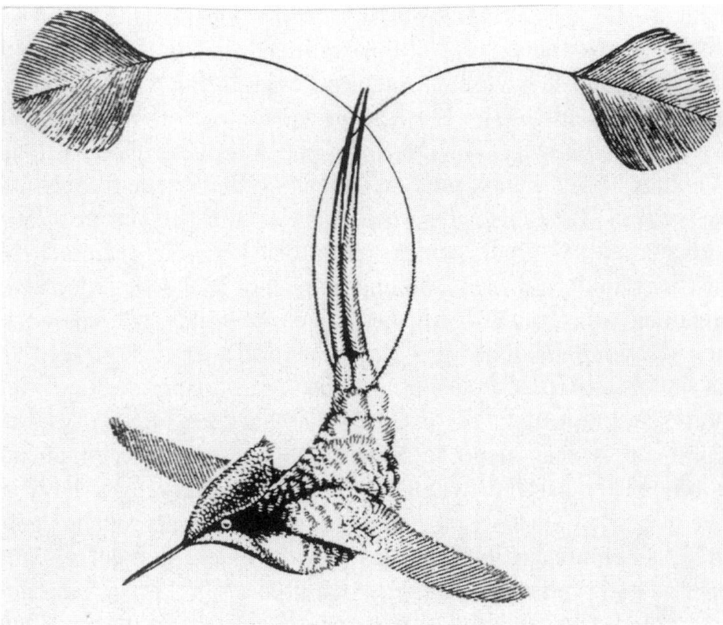

Die seltsamen Schmuckfedern des Kolibris (Loddigesia) können nicht durch einen Selektionsdruck entstanden sein, zumal unsere schmucklosen Sperlinge, Amseln oder Stare weit größere Fortpflanzungserfolge erreichen! (Nach Portmann, verändert.)

11. Streit um Zebras Streifen

Ludwig von Bertalanffy hat einmal den Darwinismus eine «Theorie fern von aller Wirklichkeit» genannt. Was Wunder also, wenn seine eifrigen Verfechter nicht selten über ein und denselben Sachverhalt gänzlich andere, einander direkt widersprechende Überzeugungen verteidigen? Je weiter die engen Denkschemata einer Ideologie von nachweisbaren Fakten entfernt sind, umso ungehemmter und ausschweifender kann man spekulieren und seiner Phantasie freien Lauf lassen! Der Streit um die Streifenmuster der Zebras ist ein geradezu «klassisches» Beispiel dafür!

Welche Ironie des Schicksals! Ausgerechnet der Darwinismus, die Theorie, in der nichts so verpönt ist wie alles, was auch nur entfernt an «Metaphysik» gemahnt, ist auf Gedeih und Verderb abhängig von dem durchaus «metaphysischen» Begriff der Zweckmäßigkeit! Wenn nämlich die Selektion der einzige «ordnungstiftende Faktor» in der Evolution der Lebewesen ist (J. Huxley), dann darf es ja absolut nichts geben, was nicht «zweckmäßig» ist, also nicht in vollkommener Anpassung dem Überleben im «Kampf ums Dasein» dient. Alles Geordnete, also auch das Fellmuster der Zebras oder die Zeichnung der Schmetterlingsflügel usw. *muss* als Ergebnis einer Auslese erklärt werden. Das aber ist nur möglich, wenn während der Evolution der Tiere ein entsprechender Selektionsdruck in dieser Richtung herrschte! Wenn sie jedoch keine Bedeutung haben, keine Aufgabe, keinen «Zweck» erfüllen, kann es einen solchen Selektionsdruck logischerweise auch nicht geben! Ergo sind sie, getreu der «Morgenstern-Logik», zweckmäßig, weil sie zweckmäßig sein müssen!

Und da ist man denn ja auch flugs mit einer entsprechenden Erklärung bei der Hand. Wann hätte jemals ein überzeugter Darwinist keine rasche hypothetische Lösung für alle Evolutionsprobleme gefunden? Das Zebra hat Streifen, so erklären die einen, weil eine derartige Musterung «kryptisch» wirkt, also den großen Tierkörper vor seinem Hintergrund optisch «auflöst» und dadurch unsichtbar macht. Kennen wir doch viele Fälle einer solchen erfolgreichen «Somatolyse»! Man braucht ja nur an Schmetterlingsraupen wie die des Kiefernschwärmers zu denken. Durch ihre Längsstreifung in genau «passenden» Farben fällt sie vor dem genauso «gestreiften» Hintergrund der Kiefernnadeln, zwischen denen sie lebt und die ihre einzige Nahrung darstellen, so gut wie gar nicht auf. Eine äußerst «zweckmäßige» Tarnung, die sogar scharfäugige Vögel täuscht!

Aber nein – ganz und gar nicht! kontern die anderen. Genau das Gegenteil ist richtig! Die schwarzen Streifen auf dem weißen Zebrafell sollen (!) es nicht unsichtbar machen, sondern auffallend. Sie sind keineswegs «kryptisch», verbergend, sondern «semantisch», weithin vermeldend: Hier bin ich bzw. hier sind wir, die Zebraherde! Das auffallende Muster «ruft» geradezu diese Nachricht in die Weite der Steppe hinaus. Und warum? Ganz einfach: damit von der Herde getrennte Tiere sich nicht weiter verirren, sondern leicht wieder zurückfinden und umgekehrt, wenn etwa eine Zebramutter nach ihrem zurückgebliebenen Fohlen sucht. Sie findet es schneller, weil es durch seine grelle Musterung doch schon von weitem gut zu erkennen ist!

Peinlich, wenn sich selektionistische Erklärungsversuche derart radikal widersprechen! Nirgends zeigt sich beschämender deutlich, wie sehr hier die nicht zu übersehenden Tatsachen – dass Zebras eben Streifen haben – auf Biegen oder Brechen stets der Theorie angepasst werden und nicht, wie ansonsten doch in der Wissenschaft üblich, genau umgekehrt. Das erinnert an den aufschlussreichen «Versprecher» eines englischen Wissenschaftlers, der während eines Vortrages seinem aufhorchenden Auditorium verkündete: «Dies, meine Damen und Herren, sind die Theorien, auf denen ich jetzt meine Tatsachen begründen werde!»

Der – vorläufig! – jüngste Erklärungsversuch deutet die Zebrafell-Streifung doch wieder als somatolytisch – wenn auch nicht im Hinblick auf gefährliche Raubtiere wie etwa Löwen. Für bestimmte Insekten, so wird behauptet, löst sich dadurch der massige Tierkörper optisch auf, sobald sie ihm bis zu einer bestimmten Entfernung nähergekommen sind. Dadurch können sie ihn nicht finden und durch ihren Stich mit einer tödlichen Seuche infizieren. Darwin sei Dank – die Selektion ist wieder einmal gerettet, denn auf diese Weise blieben eben nur die gestreiften Pferde vor der Seuche verschont. Sie waren die «Tüchtigsten», the fittest, die überlebten und sich allein fortpflanzten. Doch selbst wenn wir einmal von dem alten Einwand ganz absehen, dass nicht ausmerzen ja keineswegs dasselbe ist wie neu entstehen, also die Bildung dieser Streifenmuster durch ihre angebliche Schutzwirkung mitnichten etwa hinreichend erklärt ist: Wie in aller Welt brachten es ungezählte andere Tierarten, im gleichen Lebensraum durch die selbe Seuche bedroht,

Ob die schwarze Streifung des Zebras kryptisch (verbergend) oder semantisch (meldend) ist – darüber wurde lang gestritten.

Der Schachbrettfalter ist sozusagen das Zebra unter den Schmetterlingen. Seine schwarzen Muster dienen offenbar keiner bestimmten Aufgabe im «Kampf ums Dasein», denn sonst dürfte es längst schon keine Weisslinge ohne solche Muster mehr geben!

auch gänzlich ohne derartige Muster fertig, zu überleben? Gazellen, Antilopen, Gnus, Rinder usw. sind doch ein ganz und gar unübersehbarer Beweis dafür, dass es dazu wirklich keines besonderen Streifenmusters bedarf- und dass sich, allen Ideologenwünschen trotzend, die lebendige Natur eben nicht nach der so «herrlich einfachen Theorie» (Lecomte du Nouy) richtet!

Nein, mit Selektion im Kampf ums Dasein kann wohl niemand diese so regelmäßigen, von Zebraart zu Zebraart unverwechselbar verschiedenen und demnach zweifellos nach strenger Gesetzlichkeit vererbten Fellzeichnungen erklären. Da war sogar noch jene alte Theorie einleuchtender, die behauptete, diese unterschiedliche Verteilung dunkler Hautpigmente entspräche der Fältelung in der embryonalen Haut der Tiere. Doch wenn dem wirklich so wäre – wobei allerdings immer noch zu erklären bliebe, weshalb denn nun die dunklen Farbstoffe sich ausgerechnet in den «Tälern» zwischen diesen Falten ansammeln sollten – dann müsste man wieder eine Erklärung für die immerhin doch recht merkwürdige Tatsache finden, dass alle anderen Pferde einschließlich der Esel, von Rindern etc. ganz abgesehen, trotz entsprechender Fältelung ihrer embryonalen Haut durchaus keine Streifenmuster im Fell besitzen!

So einfach liegen die Dinge wirklich nicht. Auch der überzeugteste Darwinanhänger muss sich eben damit abfinden, dass es zweckfreie Formen und Muster in der lebendigen Schöpfung gibt, auch wenn sie mit seiner Theorie noch weit weniger verständlich erscheinen als jene, deren arterhaltende Funktion nicht zu übersehen ist.

Die Zahl der Beispiele für derartige zweckfreie Muster, vor allem auch farbige, ist Legion. Man denke doch etwa nur an irgendeine Käfergattung, deren Arten sich deutlich durch ihre jeweils ganz spezifischen Farben und Hautmuster unterscheiden, die aber dennoch eine recht ähnliche oder gar ganz gleiche Lebensweise führen! Dass hier die Selektion irgendeine Rolle spielen könnte, ein «Selektionsdruck» in Richtung auf diese so vielfältigen Muster geherrscht haben sollte, das wird nicht einmal der leidenschaftlichste Evolutionist behaupten wollen. Und die «geschlechtliche Zuchtwahl» versagt als Erklärung ebenso. Nicht nur die Käfer und andere Insekten wählen ihren Fortpflanzungspartner ja keinesfalls nach seiner «Schönheit». Selbst so hochentwickelte Säugetiere wie die Zebras tun dies mit Sicherheit nicht! Nicht nur deshalb, weil es eine unerlaubte «Vermenschlichung» der Zebrastuten wäre, anzunehmen, sie seien so ästhetisch veranlagt, dass sie sich ihre Hengste nach der Vollkommenheit ihrer Fellzeichnung aussuchten. Nein: Hier sind ja, im Gegensatz zu den meisten Vögeln, *beide* Geschlechter gleich gestreift, so dass also auch die Hengste wählen müssten. Was für ein heilloses Durcheinander gäbe das!

An ganz entsprechenden Beispielen aus dem Pflanzenreich herrscht kein Mangel – im Gegenteil! Die Frage etwa, warum das Eichenblatt einen gebuchteten Rand besitzt, das Blatt der Rotbuche hingegen einen glatten, das der Hainbuche einen «gesägten», ist unsinnig. Alle diese Bäume kommen, neben dem Ahorn mit seinen gelappten Blättern und der Esche mit ihren gefiederten im gleichen Mischwald unmittelbar nebeneinander vor und gehören durchaus nicht etwa streng voneinander getrennten ökologischen Nischen an. Keine dieser Arten ist durch ihre spezielle Blattform irgendeiner anderen im Kampf ums Dasein, in diesem Falle etwa ums Licht, unter- oder überlegen (und wäre es tatsächlich so, dann dürfte es nach der Theorie diese Unterlegenen schon längst garnicht mehr geben!). Die vielen Blattgestalten besitzen keinerlei Selektionswert, sie erfüllen keinen besonderen Zweck außer dem, den alle Blätter als Assimilations- und Atmungsorgane erfüllen. Auch sie können also nie und nimmer durch Selektion entstanden sein. Dennoch kann nicht einmal der gläubigste Darwinist leugnen, dass es sie gibt.

Wie also soll er ihre Existenz erklären? Sind diese zweckfreien Muster und Farbenzeichnungen, die vielfältigen Blattgestalten unserer Bäume und Sträucher nur sozusagen «mitgeschleppte» Verzierungen, nicht ausgemerzt von der Selektion, weil sie ja keine Hindernisse darstellen im Kampf ums Überleben- und «geduldet», obwohl sie keinen Nutzen bringen? Aber sie zeigen doch eine strenge, erbliche Ordnung – und, wie gesagt, als einziger ordnungsstiftender Faktor wird doch die Selektion im Kampf ums Dasein anerkannt! So geht es also auch nicht! Wir müssen uns damit abfinden, dass die geradezu ungeheuerliche Mannigfaltigkeit der lebendigen Erscheinungen und ihrer Leistungen nun einmal weit, weit über das nur-Überlebensnotwendige hinausgeht.

Adolf Portmann sieht in diesen «zweckfreien» Merkmalen Künder der «Innerlichkeit», eine Selbstdarstellung des Individuums bzw. der Art. Aber hierbei handelt es sich um qualitative Bezüge, die mit den nur quantitativ forschenden Methoden der Naturwissenschaft nicht «nachweisbar» sind – so wenig, wie man durch eine chemische Analyse seiner Farben den Kunst- oder Kitschcharakter eines Gemäldes nachweisen kann. Aber diese Unfähigkeit, sie naturwissenschaftlich zu «beweisen» ändert nun einmal nichts an der Tatsache, dass es auf der Welt sowohl Kunst als auch Kitsch gibt!

Ernüchternd ist jedenfalls, was Ludwig von Bertalanffy schrieb: «Es gibt ... nicht den Funken eines wissenschaftlichen Beweises dafür, dass Evolution im Sinne einer Progression von einfacheren zu komplizierteren Organismen irgendetwas mit zunehmender Anpassung, mit Selektionsvorteil oder mit der Produktion einer größeren Nachkommenschaft zu tun hat.»[23]

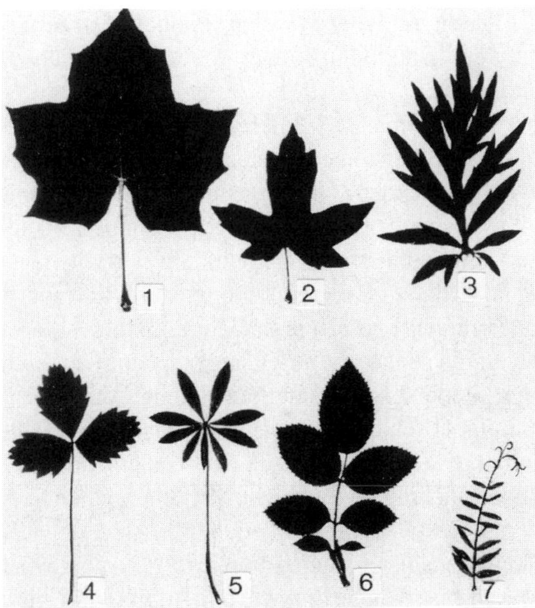

Zweckfreie Blattgestalten: 1 = Spitzahorn, 2 = Feldahorn, 3 = Beifuß, 4 = Walderdbeere, 5 = Lupine, 6 = Rose, 7 = Vogelwicke

12. Radiolarien – Vorbilder modernster Architektur!

Wenn man bedenkt, wieviel Information bereits der Zellkern eines noch gestaltlosen Wechseltierchens (Amoeba) enthält, ja, dass selbst die noch kernlosen Bakterien über eine «Bauanleitung» von weit über tausend Enzymen verfügen (vgl. Kapitel 2), dann ist es für uns schon nicht mehr vorstellbar, welche Fülle an Information allein jener so komplizierte Kalkgehäusebau bei einzelligen Foraminiferen erfordert. Und doch sind die Skelette der Strahlentierchen (Radiolarien), Haekkels «Kunstformen der Natur», noch unvorstellbar komplizierter! Zudem bestehen sie ja nicht aus Kalk, sondern aus dem sehr viel härteren Kieselsäureanhydrit (SiO_2) – wie die Mineralien Quarz oder Bergkristall. Ein bekanntlich in Wasser völlig unlöslicher Stoff, der von der lebendigen Zelle aus löslichen Verbindungen gewonnen und «in-Form-gebracht» werden muss. Aber in welch erstaunliche Formenvielfalt! Je nach Art ist der «Bauplan» wieder ein völlig anderer, neuer und unverwechselbarer.

Da entdeckt man unter dem Mikroskop zierliche Gitterkugeln, die wie Bälle mit regelmäßig angeordneten und geometrisch exakt runden, ovalen oder gar vieleckigen Öffnungen, manche sogar «mehrstöckig» an die Zwiebeltürme orthodoxer Kirchen erinnern. Viele sind am unteren Saum mit nicht minder regelmäßig verteilten, nadelspitzen, dolchartigen Fortsätzen geziert, andere wiederum erinnern durch ihre langen, spießförmigen Kieselsäurenadeln an strahlende Sterne. Diese Nadeln stehen stets senkrecht aufeinander nach allen Richtungen des Raumes und schließen exakt immer die gleichen Winkel zwischen sich ein. Die Ordnung ist schlechterdings vollkommen und fehlerfrei – und dennoch handelt es sich bei diesen «Kunstformen» nur um das stützende Skelett diesert «genialen» Einzeller! Mit der üblichen Kristallstruktur haben all diese Gestalten absolut nichts zu tun, denn Kieselsäureanhydrit kristallisiert aus Lösungen niemals und nirgendwo in vergleichbaren Strukturen aus, sondern, wie vom Bergkristall hinlänglich bekannt, in sechsseitigen Prismen mit einer oben aufgesetzten Pyramide. Kein Zweifel also, dass der lebendige Organismus, obwohl doch «nur» ein angeblich primitiver Einzeller, seiner Skelett-Bausubstanz eine eigene, seiner speziellen Art gemäße Gestalt aufzwingt, sie in-Form-bringt, also «in-formiert» und dass diese Information, die detaillierte

Reines SIO_2 (Kieselsäureanhydrit) kristallisiert als Bergkristall in sechsseitigen Prismen aus, denen eine sechsseitige Pyramide aufsitzt. Die lebende Zelle einer Radiolarie (Tier) oder Diatomee (Pflanze) zwingt dem gleichen Stoff durch «Information» eine andere Form auf, die er aufgrund seiner chemischen und physikalischen Eigenschaften von sich aus nie annehmen könnte.

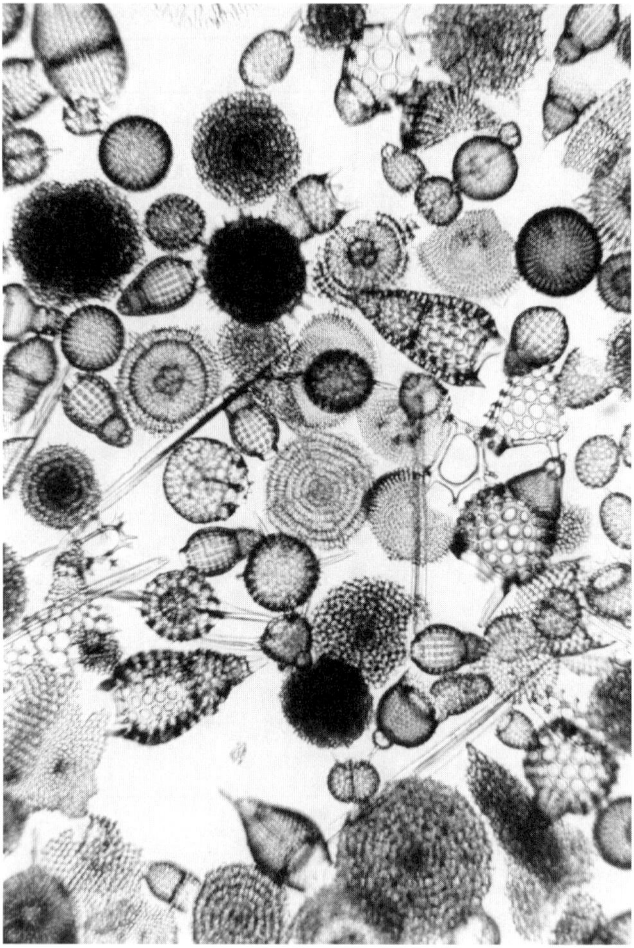

Radiolariengehäuse bestehen aus «in-formiertem», in eine besondere Form gebrachtem Kieselsäureanhydrit, das in dieser Form nicht in Wasser löslich ist!

Bauanleitung in seiner Erbsubstanz im Zellkern codiert enthalten sein muss! Ja, es handelt sich in der Tat um eine recht detaillierte Bauanleitung. Sie ermöglicht ja nicht allein jene mathematisch-geometrisch so unvergleichlich exakte Art-Gestalt zu verwirklichen, sondern leitet auch eine überraschend hochmoderne Art der «Fertigung». Es ist nämlich durchaus nicht so wie bei einem unserer gebräuchlichen Gerüstbauten, etwa einem Kran, einer Stahlbrücke etc., dass sie nämlich Stück für Stück, Bauteil für Bauteil, also aus einzelnen, vorgefertigten Elementen, zusammengefügt wird. Nein, diese «findigen» Einzeller gießen ihre Skelette sozusagen in einem Stück. Zunächst einmal wird, genau nach Plan, ein «schaumartiges System» aus Körpereiweiß aufgebaut.

Danach scheidet das Tier flüssige Kieselsäure – also eine noch lösliche Verbindung der Kieselsäure – in die Hohlräume dieses so minutiös geordneten, vorbereiteten Schaumes aus. Dort nun, in den freien Zwischenräumen, den Lücken zwischen den Schaumblasen erhärtet die gelöste Kieselsäure, indem sie durch entsprechende, vom Organismus zielstrebig gelenkte chemische Prozesse wieder in das unlösliche Anhydrit SiO_2 zurückverwandelt wird. Sobald das geschehen ist, wird die «Vorform», die Schaum-Struktur, aufgelöst – und übrig bleibt ein graziles Kieselsäureskelett, wie es bereits beschrieben wurde. Es trägt sich selbst – und den gesamten Organismus, da es dank seiner Fortsätze eine sehr große Oberfläche besitzt und daher, vergleichbar unseren Flugfrüchten (Löwenzahn, Disteln, Wiesenbocksbart u.v.a.) nur eine geringe Sinkgeschwindigkeit erreicht – zumal im so viel dichteren Medium Wasser! «Solche Skelette könnte man technisch dadurch gewinnen», bemerkt Werner Nachtigall, «dass man aufgeblasene Gummisäcke aneinanderdrückt, und zwar so, dass sie sich gegenseitig abflachen. Dadurch entsteht an den Kanten ein Hohlraumsystem, das sich ausgießen lässt: Aus den Gummisäcken wird die Luft herausgelassen, und die ehemalige Form kann aus dem erhärteten Skelettbau leicht entfernt werden. Derartige Versuche wurden anhand des Vorbilds Kieselalge gemacht».[24]

Ja, auch das ultrafein strukturierte «Spantenbaugerüst» unserer einzelligen Kieselalgen (Diatomeen), die in den Bächen Steine mit einer schleimigen, braunen Schicht überziehen, besteht aus diesem harten Kieselsäureanhydrit SiO_2 (es ist in der Tat härter als Glas, das man damit ritzen kann!). Vermutlich entsteht es dadurch, dass die Algenzelle Öltröpfchen in einer Ebene nebeneinander absondert. Durch ihren Druck platten sie sich gegenseitig ab und in die Lücken dazwischen wird der Baustoff ausgeschieden. Wenn er erhärtet ist, löst die Zelle die Öltröpfchen wieder heraus – und übrig bleibt das so überaus zierliche, wie eine Schachtel aus Boden und dicht schließendem Deckel darüber bestehende, äußerst leichte und dennoch stabil-leistungsfähige Kieselsäureskelett. Nein, «ultrafein» stellt keineswegs etwa eine Übertreibung dar! So winzig und dabei derart geometrisch exakt strukturiert sind diese Miniaturschächtelchen, in denen der Plasmaleib der Alge

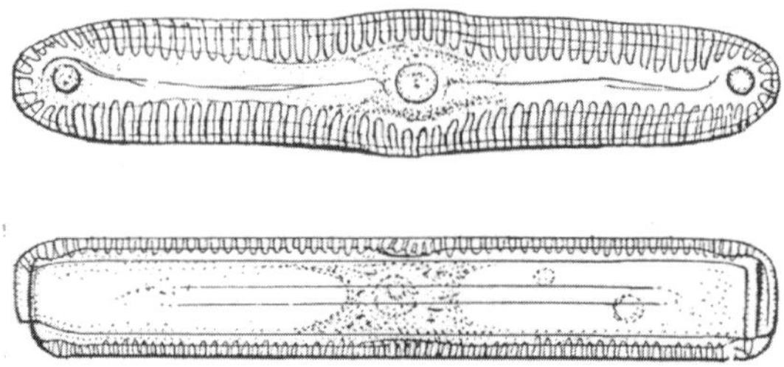

Diatomeeschalen der länglichen Form. Oben Blick auf den «Deckel», darunter Seitenansicht.

sicher und geborgen steckt, dass man sie benutzt, um die Schärfe, das Auflösungsvermögen von Mikroskopen damit zu testen (Pleurosigma).

Man versuche es doch nur einmal, sich vorzustellen, wie viel Phantasie, genialer Einfallsreichtum, wieviel technisches, mathematisches und physikalisches Wissen wie praktisches Können, kurz: wieviel hohe Intelligenz und technische Begabung dazu gehören, derartige in jeglicher Hinsicht vollkommene Strukturen zu ersinnen – und nachzubauen! Es handelt sich dabei ja zunächst auch noch um eine Art «Negativkonstruktion: Das Ganze muss ja als Hohlraum-Anordnung vorgeplant werden, in der dann nachträglich durch Ausgießen das Positiv entsteht! Und dies alles, ohne dass dabei auch nur der geringfügigste Fehler unterläuft! Wahrhaftig eine Sache zum «Kopfzerbrechen»! Wie könnte also jemand noch daran zweifeln, dass diese Gehäusekonstruktion sowohl bei den Radiolarien, als auch den Diatomeen nach strengen, vorgegebenen Plänen erfolgt. Die Annahme, «der reine Zufall und nichts als der Zufall» (Monod) könnte tatsächlich zustandegebracht haben, wozu die Intelligenz der Mehrzahl aller Menschen bei weitem nicht ausreicht, ist derart abwegig, dass darüber wirklich kein weiteres Wort mehr verloren werden sollte.

Woher aber stammen nun diese Baupläne, die von Art zu Art so grundverschieden sind? Wo sind die Ursachen der so ausgeklügelt erscheinenden «Programme» zu suchen? Was ist der Urgrund jener umfassenden, genialen Information, die alledem vorausgesetzt sein muss?

Aber da muss denn doch noch eine weitere, für die Theorie entscheidende Frage gestellt werden: Wozu eigentlich dies alles, wo es doch ganz entsprechend lebende Einzeller ohne derartige Skelette gibt, wie etwa das bekannte «Sonnentierchen» (Actinophrys)? Es dürfte sie ja logischerweise heute längst nicht mehr geben, hätte denn jemals im Verlaufe unserer Erdgeschichte ein «Selektionsdruck» in Richtung auf solche hochkomplexen Skelettgebilde bestanden! Bereits die ganz am Anfang der Evolution des Lebendigen stehenden, aber nur angeblich «primitiven» einzelligen Organismen widerlegen nicht allein durch ihre Vollkommenheit, ihre Ganzheitsnatur sowie ihre erstaunlichen Leistungen, sondern vor allem anderen einfach dadurch, dass es sie immer noch gibt, Darwins Theorie. Verständlich also, warum schon Jakob von Uexküll, einer der bedeutendsten Biologen dieses Jahrhunderts mahnte: «Man sollte endlich Schluss machen mit dieser albernen Zufallstheorie!»

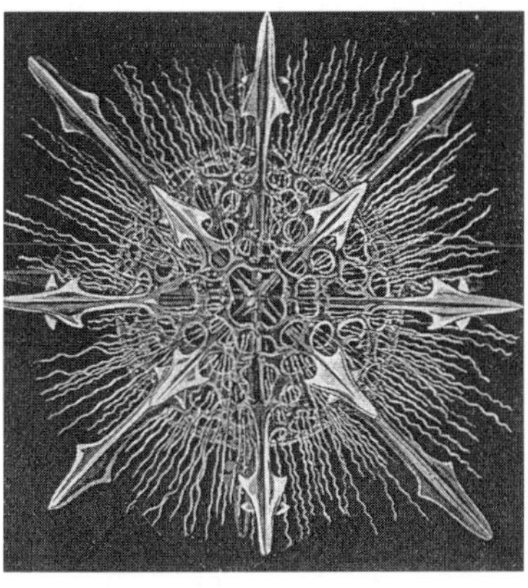

Radiolarien-Skelett aus SiO_2-Nadeln

13. Schmetterlingsflügel – unbegreifliche «Überinformation»

Die herrlichen Farben und Zeichnungen auf den Flügeln zahlloser, auch einheimischer Schmetterlinge gehören zu den faszinierendsten Mustern in der lebendigen Schöpfung. Kein anderes Beispiel wäre auch nur annähernd so geeignet, das Wesen des «Musters» anschaulich zu verdeutlichen. Muster – das sind nach ganz bestimmten, festgelegten Regeln angeordnete Elemente. Diese besondere Ordnung ist keinesfalls aus ihrer «Natur», den chemischen und physikalischen Eigenschaften der «Elemente» zu erklären und entsteht allein schon aus diesem Grunde nie und nirgends von selbst. Muster repräsentieren demnach das genaue Gegenteil von Willkür, Chaos und Zufall. Dennoch ist bei ihrem Werden das Moment der Freiheit nicht ausgeschlossen – wie überall im Lebendigen. Sie können durchaus, Melodien vergleichbar, variiert werden, in Geringfügigkeiten vom «Vorbild» abweichen, wobei jedoch das Wesentliche, Einmalige stets erhalten bleibt.

Dass die Muster auf den Schmetterlingsflügeln tatsächlich nach einem von vornherein festgelegten Plan gebildet werden, das geht – abgesehen von ihrer strengen Ordnung – allein schon aus der Tatsache hervor, dass sie als artspezifische Muster von einer Generation zur nächsten weitervererbt werden. Daher erkennt ja der Sammler die jeweilige Artzugehörigkeit bereits auf den ersten Blick an diesem unverwechselbaren Muster aus Abermillionen verschieden gefärbter Flügelschuppen. Es können sage und schreibe bis zu sechshundert auf nur einem einzigen Quadratmillimeter sein, und stets sind sie fehlerfrei derart regelmäßig neben- und übereinander angeordnet, dass sie immer wieder mit den Tonziegeln auf einem nach allen Regeln des Dachdeckerhandwerks fertiggestellten Dach verglichen werden.

Diese sozusagen «erste Ordnung» wird indessen von einer zweiten überlagert: eben von diesem artspezifischen Muster, das die so unterschiedlich gefärbten Schuppen – es handelt sich übrigens um abgeflachte Haare – als echtes Mosaik gemeinsam bilden. Wie bei jedem von Künstlern geschaffenen Mosaik muss jedes «Element» – dort der farbige Stein, hier die entsprechend gefärbte Schuppe – genau am richtigen Platz sitzen. Anderufalls wäre das gesamte Gebilde ja nicht «stimmig». Das aber erfordert bei Künstlern sehr viel Phantasie, gewissenhafte Vorausplanung, exakte Berechnungen, Vorzeichnungen usw. Beim lebendigen, sich unter seiner Puppenhülle entwickelnden Schmetterling jedoch ordnen sich die Hautzellen auf den Flügeln, aus denen zuletzt die Schuppen hervorgehen, selbst «richtig» an. Es überfordert all unsere Vorstellungsfähigkeit, begreifen zu wollen, wie die einzelne Hautzelle, zumal noch zur Zeit des zusammengerollten, engstens unter der derben Puppenhaut gefältelten Flügels, seines regellos «zerknitterten» Zustandes, «ihren» späteren Platz findet. Man ist geradezu versucht zu fragen: Woher «weiß» sie denn, wohin sie gehört, welches, mathematisch formuliert, «ihre» Koordinaten in diesem allmählich entstehenden Gesamtbild sind? Man erinnere sich: eine jede dieser 600 auf einem einzigen Quadratmillimeter! Und wer «sagt» ihr, welchen Farbstoff gerade sie just an *diesem* bestimmten Ort bilden muss (und stellt ihr alle dazu unerlässlichen Ausgangsstoffe sowie Enzyme zur Verfügung – zum richtigen Zeitpunkt für die rechte Dauer?), damit das Bild fehlerfrei wird?

Wenn es sich gar um eine blaue Schuppe handelt, wie kommt sie eigentlich dazu, unter allen in ihrem Bildungszellenkern gespeicherten Informationen exakt die einzig richtige – und lediglich sie als Teilinformation – abzurufen, um nach ihrem «Rezept» eine ganz besondere, von der aller anderen Schuppen deutlich abweichende Oberflächenstruktur aufzubauen? Es ist ja diese besondere Struktur, die durch Brechung und Beugung, durch Interferenz der Lichtstrahlen «Farben» aufleuchten lässt, wie wir das vergleichsweise ja vom Regenbogen her kennen.

In beiden Fällen handelt es sich ja nicht um echte Farben, wie sie durch bestimmte Pigmente erzeugt werden, sondern um physikalische Effekte, also sogenannte «physikalische» Farben. Weil durch eine Oberflächenstruktur bedingt, heißen sie beim Schmetterlingsflügel auch Strukturfarben. Gemeinsam mit den bekannten Pigmentfarben Rot, Gelb, Braun, Schwarz und in manchen Fällen auch Weiß (das jedoch, wie das Weiß des Schnees, auch reine Strukturfarbe sein kann!), in strenger, planmäßig festgelegter und ererbter Zuordnung bilden diese «physikalisch gefärbten» Schuppen die herrlichen Muster! Die im Kern der Eizelle eines Schmetterlings gespeicherte Information muss also, trotz seiner mikroskopischen Winzigkeit, höchst diffizil und ungewöhnlich umfangreich sein. Umso erstaunlicher, dass es Schmetterlinge wie unser Landkärtchen (Araschnia) gibt, die sogar über zwei

Die gelben Flügel des Schwalbenschwanz (Papilio machaon) zieren schwarze, streng symmetrische Flecken und Bänder. Es handelt sich um ein ererbtes Muster, ein Schuppen-Mosaik, aufgebaut nach der im Ei-Zellkern codierten Information. Wie jedoch die wesentlich zahlreicher vorkommenden, rein gelben Zitronenfalter zeigen, ist dieses hochkomplizierte Muster keineswegs «überlebensnotwendig». Im Gegenteil: Gerade die Zitronenfalter haben sich durch ihre stärkere Vermehrung als «the fittest» erwiesen!

Der tropische Schmetterling Brahmaea wallichi zeigt ein ganz besonders aufwendiges, charakteristisches Muster auf seinen Flügeln. Unvorstellbar ist die Informationsmenge, die zum Aufbau eines solchen Musters aus Hunderttausenden Schuppen erforderlich ist!

voneinander unabhängige, recht unterschiedliche Informations-Sätze verfügen, über zwei selbständige «Programme» zur Ausbildung spezifischer Flügelmuster! Die Frühlingsgeneration, aus überwinternden Puppen oft bereits Ende April schlüpfend, zeigt die Grundfarbe Braungelb mit auf beiden Seiten jeweils spiegelbildlich angeordneten weißen Tupfen und Reihen schwarzer Flecken. Die Sommergeneration hingegen, aus den Eiern dieser Frühlingsgeneration herangereift, erscheint erst Mitte Juli, und ihre Grundfarbe ist Schwarz mit durchlaufenden Binden aus weißen Flecken und braungelben Streifen.

Jeder Laie auf diesem Gebiet der Zoologie würde die beiden von der Jahreszeit abhängigen Erscheinungsformen ein und derselben Art (Saisondimorphismus) für Angehörige zweier grundverschiedener, nicht einmal näher verwandter Arten halten. Sicher, wir wissen, dass es die unterschiedliche Tageslänge ist, also die jeweilige Beleuchtungsdauer der Puppen, durch die entweder das Frühlings-Programm oder das Sommer-Programm für die Ausbildung des Schuppenmosaiks abgerufen wird. Aber ebenso sicher ist, dass in jedem Fall ein anderes, vollständiges «Programm», die richtige Information dafür in der Erbsubstanz zur Verfügung steht.

Wieviel Einzel-Informationen, also genaue Anweisungen für eine jede dieser unzähligen Flügelschuppen müssen demnach bereits im Ei-Zellkern vorhanden sein, denn später, im Verlauf der Entwicklung zum fertigen Schmetterling (Imago), kommt ja keine neue mehr von irgendwoher dazu! Wieviel dickleibige Bände würde sie wohl füllen, wenn sämtliche erforderlichen «Daten» Wort für Wort in unserer Sprache gedruckt werden müssten? Mit allen unerlässlichen Lageskizzen und exakten Koordinatenberechnungen? Man stelle sich vergleichsweise doch nur einmal vor, eines der weltberühmten Mosaikbilder von Ravenna oder Sousse in Tunesien sollte auf diese umständliche Weise minutiös beschrieben werden – vielleicht auch als Anleitung für eine Nachbildung! Und das Steinchen für Steinchen! Dabei besteht allerdings das Muster eines Schmetterlingsflügels, etwa das eines Distelfalters oder gar einer Brahmaea, nicht nur aus sehr viel mehr und unvergleichbar dichter stehenden Mosaik-Elementen. Es setzt sich ja auch, was kein künstliches Mosaik jemals könnte, selbständig zusammen!

Bis jetzt ging es allerdings nur um diese, «Äußerlichkeit» der Flügelzeichnungen – und die sind nun einmal für Schmetterlinge

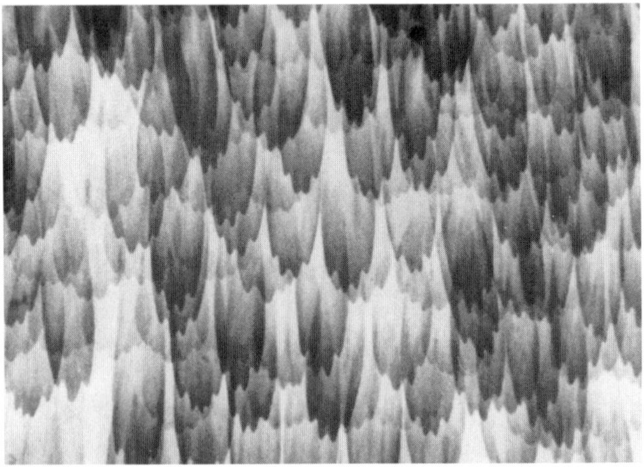

Bis zu 600 solcher Sinus-Schuppen sitzen auf einem einzigen Quadratmillimeter Schmetterlings-Flügelfläche. Sie sind in regelmäßigen Reihen dachziegelartig angeordnet. Jede stellt einen Mosaik-Punkt dar und ist entweder durch Pigmente gefärbt oder erscheint aufgrund ihrer Feinstruktur farbig (Strukturfarbe).

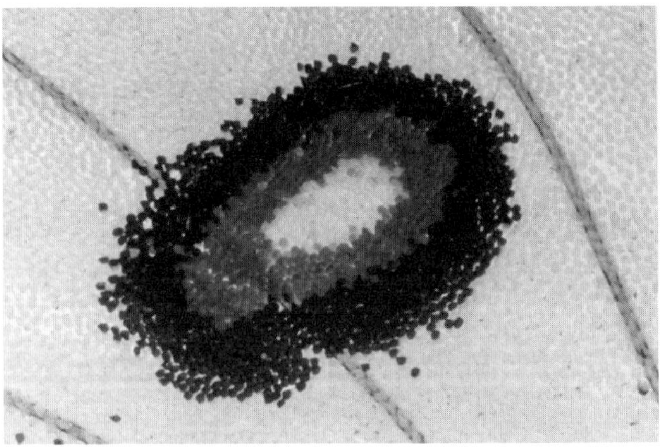

Das «Augenmuster» auf dem Vorderflügel des Apollofalters (Parnassius apollo) setzt sich zusammen aus einem Ring schwarzer Schuppen, der einen zweiten aus roten Schuppen einschließt, in dessen Zentrum ein ovaler Fleck aus weißen Schuppen die «Pupille» darstellt. Umgeben ist das Augenmuster von einem Feld weisser Schuppen, die auch die dunklen Flügeladern teilweise überdecken.

keineswegs überlebensnotwendig. Denn wie könnte es andernfalls beispielsweise einfarbig gelbe Zitronenfalter geben, wenn ein so kompliziertes Muster, wie es unser Schwalbenschwanz aufweist, für die Erhaltung der Art unerlässlich wäre? Auch dieser unter strengem Naturschutz stehende große Schmetterling zeigt ja eine gelbe Grundfarbe, die jedoch durch schwarze Linienzeichnungen und buntfarbige Muster «verziert» ist.

Nein, bei diesen Betrachtungen darf ja keinesfalls vergessen werden, dass ja auch die Information, der Bauplan für den gesamten Schmetterlingskörper mit all seinen vielfältigen Organen in dem winzigen Ei-Zellkern «untergebracht» sein muss – von Sinnesorganen wie Fühlern und Augen bis zum Nervensystem, den Verdauungsorganen, Flugmuskeln, Atmungsorganen usw. Um diesen grandiosen Bauplan, also die Gesamtinformation des Zellkernes, wäre er denn für uns überhaupt überschaubar, gedruckt in Büchern niederzulegen, brauchte es gar eine ganze umfangreiche Bibliothek.

Doch selbst damit wäre die gesamte Informationsfülle im Landkärtcheneizellkern bei weitem noch nicht erfasst. Schließlich sind die beiden Imagines, jene so unterschiedlichen Saisonformen des fertigentwickelten Schmetterlings ja erst die Endstufen eines weiten Entwicklungs- und Verwandlungsweges! Auch der genaue, fehlerfreie Plan des doch so völlig anders in-Form zu bringenden Raupenkörpers sowie der abermals unverwechselbar davon verschiedene der Puppe als vorletztes Verwandlungsstadium müssen ja in diesem Ei-Zellkern «stecken». Um das schier Unglaubliche vollzumachen: Der äußerst präzise Zeitplan, die Information darüber also, wann welcher dieser so grundverschiedenen Pläne «abgerufen» wird und für welche Dauer er aktiv sein soll, ist ja ebenfalls hier «codiert» Wer oder was also «informiert die Information» schaltet sie, vergleichbar einem auf Band gespeicherten Programm, souverän an und ab? Ja, muss es da nicht eine ganze Hierarchie von Informationen geben, einander sinnvoll und streng über- und untergeordnet?

Was hier angeblich «nichts als der Zufall» (Monod) ohne Plan, Sinn und Ziel blind (R. Dawkins) zustande gebracht haben soll, ist selbst für unsere intelligentesten Naturforscher nicht mehr durchschaubar – und schon gar nicht mehr zu begreifen. Nein – von «Zufall» darf hier wohl wirklich keiner mehr reden, der noch Wert darauf legt, ernst genommen zu werden. Wo sonst auch wäre jemals die Feststellung des Philoso-

Die Frühjahrs-Generation des Landkärtchens (Araschnia levana) zeigt ein ganz anderes Flügel-Schuppenmosaik als die Sommergeneration: Die Grundfarbe ist Braungelb mit symmetrisch angeordneten weißen und schwarzen Flecken.

Bei der Sommergeneration ist die Grundfarbe schwarz. Ebenso neu ist das umlaufende weiße Band.

phen David Hume († 1776) angebrachter gewesen als hier: «Zufall – das ist nur ein Wort ohne Bedeutung!»

Wie absurd dieser naive (P. P. Grassé) Zufallsglaube heute geworden ist, das erweist sich umso mehr durch eine äußerst verblüffende Entdeckung. Es verhält sich nämlich, wie man durch Berechnungen erkannt hat, tatsächlich so, dass die Erbsubstanz eines Schmetterlings offenbar über gar nicht genügend «Zeichen» verfügt, um die gesamte erforderliche Information im Zellkern zu speichern! Man braucht sich ja schließlich nur an die unglaubliche Informationsmenge zu erinnern, die jede einzelne Flügelschuppe benötigt. Mit anderen Worten: die DNS reicht nicht aus, um alle Programme zu codieren. Es verhält sich damit vergleichsweise so, als wolle man die gesamte Bibel nach herkömmlicher Art drucken, hätte aber nur hundert, meinetwegen auch tausend Lettern im Setzkasten. Wie dieses Problem in der lebendigen Schöpfung gelöst ist, wissen wir nicht und werden es vielleicht auch niemals ergründen können.

Doch vergessen wir, so unbegreiflich dies alles auch ist, darüber nicht das Hauptproblem: dass nämlich Information, dass Pläne und Programme ausschließlich der Sphäre des Geistes angehören und stets geistigen Ursprunges sind! Wer hingegen ihren Ursprung in der Materie und ihren Gesetzen, in chemischen und physikalischen Prozessen suchen will, beweist damit lediglich, dass er das Wesen der Information nicht begriffen hat. Dieser Versuch wäre etwa ebenso töricht wie der, eine Statue des Michelangelo, den David in Florenz oder seine Pieta im Petersdom aus der «Natur» des Kalksteins, des Marmorblocks, aus dem der begnadete Künstler sie meißelte, zu «erklären» oder ein Gemälde aus der chemischen Zusammensetzung seiner Farben und der Leinwand. In jedem Fall muss Information durch einen schöpferischen Plan, einen voraussehenden Geist zu der Materie hinzukommen, der sie in-Form-bringt, informiert.

Lebensbild-Rekonstruktion eines Säbelzahntigers aus dem Naturhistorischen Museum in London.

Auch beim nach der Eiszeit ausgestorbenen Riesenhirsch mussten zwei getrennte Bildungen synchron entwickelt werden: das schwarze Geweih kann nur durch besonders starke Nackenmuskeln getragen werden, die extra lange Dornfortsätze der Brustwirbel als Ansatzstellen voraussetzen (Skelette aus dem Naturhistorischen Museum in London).

14. Zufallsmutationen – im gleichen Schritt und Tritt?

Das Raubtiergebiss eines Löwen oder Tigers ist wahrhaft furchterregend. Keineswegs nur seine kräftigen Eckzähne, die tief in den Leib der Beutetiere eingeschlagen werden können und ihre Halsschlagadern blitzschnell zerreißen, sondern nicht minder jene «Reißzähne» genannten Backenzähne, die wie Klingen einer gewaltigen Brechschere beim Zubeißen haarscharf aneinander vorbeigleiten und mühelos sogar Knochen zertrümmern, sind gefährliche Waffen. Dennoch wirken sie neben den bis zu zwanzig Zentimeter langen, dolchartig gekrümmten Eckzähnen des während der Eiszeit (Diluvium) ausgestorbenen Säbelzahntigers Smilodon vergleichsweise harmlos. Viele dieser schreckenverbreitenden Raubkatzen sind uns dadurch gut als Fossilien erhalten geblieben, dass sie, mit tief in den Rücken ihrer flüchtenden Opfer eingeschlagenen Eckzähnen fest an ihnen hängend, zusammen mit ihnen in Pechseen Nordamerikas versanken. Diese Opfer waren vornehmlich Dickhäuter, meist Elefanten, deren Haut allein die «Säbelzähne» des Smilodon durchdringen und wie scharfe Messer aufreißen konnten.

Doch eine Schritt-für-Schritt-Evolution dieser gewaltigen Eckzähne aus anfänglich ganz «normalen» kleinen wirft eine Reihe schwer lösbarer Probleme auf. Wie wurden denn die Vorfahren des Smilodon, als ihre Eckzähne beispielsweise erst halb so lang waren wie am Ende dieses Entwicklungsweges, mit der dicken Elefantenhaut fertig? Wenn sie es noch nicht schafften, ihre Riesenbeute damit zu überwältigen, hätten sie dann nicht schon viel früher aussterben müssen? Im anderen Fall jedoch, wenn die «halblangen» Säbelzähne bereits ausreichten und das Überleben gewährleisteten – wie hätte es da noch einen Selektionsdruck gegeben, der sie immer noch länger und länger werden ließ? Oder haben sich – ganz zufällig, versteht sich! – synchron mit dieser Eckzahnentwicklung auch ihre Jagdinstinkte ganz entsprechend gewandelt und sie sind allmählich zu immer größeren Beutetieren übergewechselt? Wie auch immer man sich dieses angeblich ganz allmähliche Größerwerden der Eckzähne bei den hypothetischen Ahnen des Smilodon vorstellen mag, eines ist jedenfalls gewiss: Es musste dabei schließlich unausweichlich dazu kommen, dass die Tiere keinerlei Nahrung mehr aufnehmen konnten. Wären die Zähne nämlich eines

Tages gerade so lang geworden, dass selbst beim anstrengendsten Herunterklappen des Unterkiefers zwischen ihren Dolchspitzen und den Unterkieferschneidezähnen auch nicht mehr die geringste Lücke blieb, hätten sie das aufgerissene Tigermaul wie ein Gitter versperrt! Dass es gar nicht erst so weit kam, das verdankt Smilodon der überraschenden Tatsache, dass sich sein Kiefergelenk kontinuierlich abwärts verlagerte! Jawohl: kontinuierlich, denn genau gleichzeitig mit jeder Verlängerung der Eckzähne musste ja ein präzise dazu passendes Tieferverrücken des Kiefergelenkes erfolgen. Alle Evolutionsphasen mussten also wirklich im «Gleichschritt» erfolgen. Als schließlich das Endstadium der Entwicklung erreicht war, befand sich das Kiefergelenk des Smilodon am unteren Ende eines kräftigen Knochenzapfens des Schuppenbeins (Squamosum) weit unter der Linie zwischen den geschlossenen Zahnreihen, in deren gerader Verlängerung es normalerweise seinen Sitz hat – so wie heute noch bei Löwen und Tigern.

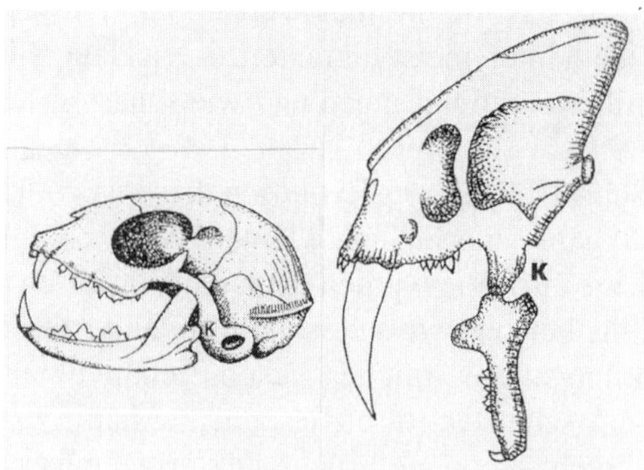

Schädel einer Katze (links) im Vergleich mit dem eines ausgestorbenen Säbelzahntigers (mit weit geöffneten Kiefern). K = Lage des Kiefergelenks.

Ein echter «Stolperstein», diese Gleichschritt-Evolution zweier getrennter Mermale! Dass dem blinden Zufall hier denn doch ein wenig zuviel zugetraut werden müsste, das räumten selbst ansonsten kompromisslose Verteidiger des Darwinismus widerwillig ein. Schon die allmähliche Verlängerung der Eckzähne, Schritt für Schritt stets in der richtigen Richtung vorwärts und nicht etwa, was doch genau so wahrscheinlich wäre, irgendwann dazwischen auch einmal wieder in umgekehrter Richtung zurück, ist als reines Zufallsgeschehen äußerst unwahrscheinlich. Dass gar ein zweiter Evolutionsprozess, für den allein betrachtet ja genau das Gleiche gilt, nun noch minutiös dazu passend diesen ersten er-gänzt und dadurch überhaupt erst sinnvoll und funktionsfähig macht, das potenziert ja noch die Unwahrscheinlichkeit eines reinen Zufallsgeschehens!

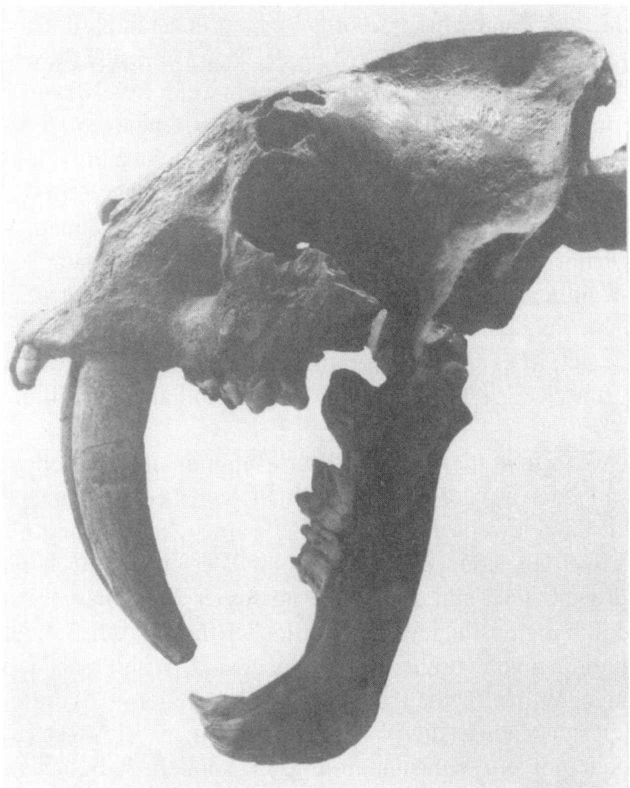

Schädel des Säbelzahntigers Smilodon mit herabgeklapptem Unterkiefer.

Wie also die Theorie von der ganz allmählichen, in winzigen Schritten erfolgenden Aufwärts-Entwicklung (Gradualismus) doch noch retten- unter allen Umständen, denn sonst müsste man ja, nach den Worten des Anthropologen Sir Arthur Keith, an Schöpfung glauben? Nun – der Phantasie sind bekanntlich ja keine Grenzen gesetzt. Und so hat denn jemand auch flugs eine plausible Lösung des Problems angeboten. Die da so überaus «stimmig» aufeinander folgenden Mutationen der Smilodon-Eckzähne sind mit denen des herabwandernden Kiefergelenkes irgendwie «gekoppelt»! Die Erbmerkmalsträger, die Gene beider bilden eine Einheit, so dass dadurch der Zufall auf nur wenige Möglichkeiten eingeschränkt wird. Verliert er dadurch doch viel von seiner Freiheit und «Willkür» (Monod). Man kann sich diesen angeblichen Trick der Evolution gut am Beispiel zweier Spielwürfel verdeutlichen. Beim Wurf mit nur einem Würfel ist die Chance für jedes seiner sechs Augen, oben zu liegen – also «getroffen» zu sein – gleich groß. Bei einem einzigen Wurf ist demnach für jede Augen-Zahl die Wahrscheinlichkeit herauszukommen ein Sechstel. Nimmt man indessen zwei Würfel, so ist die Wahrscheinlichkeit, dass eine ganz bestimmte Augen-Kombination – beispielsweise zwei Sechsen – getroffen wird, ein Sechstel mal ein Sechstel – also nur noch ein Sechsunddreißigstel. Das bedeutet: Man müsste theoretisch mindestens sechsunddreißigmal werfen, um wenigstens einmal die Chance zu haben, zwölf Augen zu treffen.

Aber wenn man diese beiden Würfel nun aneinanderkoppelt, etwa so, dass in jeden auf der Fläche des einen Auges ein Loch gebohrt wird und beide dann jeweils auf das eine Ende eines Zahnstochers als Achse gesteckt werden, können sie sich beim Werfen nur noch um diese Achse drehen! Jetzt gibt es also nur noch vier Augen-Kombinationen, wobei durch die Festlegung der Bohrlöcher für die Achse zudem diese Kombinationen von vornherein festgelegt sind. Wählt man sie so, dass die beiden Würfelflächen mit den sechs Augen auf diese Weise gekoppelt sind, dann ist die Wahrscheinlichkeit, zwölf Augen zu treffen, nicht mehr nur ein Sechsunddreißigstel, sondern lediglich noch ein Viertel! Theoretisch würde also jeder vierte und nicht erst jeder sechsunddreißigste Wurf zwölf Augen bringen! So also wird in der Evolution – angeblich – der «reine Zufall» Monods eingeschränkt und in eine ganz bestimmte, festgelegte Richtung gesteuert. Darwin sei Dank – die Theorie ist gerettet!

Wirklich? Seltsam, dass offenbar keiner dieser klugen Theoretiker bemerkt hat, dass ein «gesteuerter Zufall» ja – per definitionem! – überhaupt kein Zufall mehr ist, sondern das genaue Gegenteil: ein nur etwas umständlicher verwirklichter Plan! Denn diese Steuerung des Zufalls setzt nun einmal, wie ja bereits das stark vereinfachende Beispiel der gekoppelten Würfel zeigt, recht genaues Überlegen und Planen voraus.

Alle Erfinder solch netter Spielregeln, die «Steuerung» des Zufalls in vorgeplante Richtungen zu ermöglichen, leiden unter dem «Münchhausen-Syndrom», wie es Max Thürkauf einmal so treffend karikierte. Wie weiland der Lügenbaron nicht merkte, dass er sich ja am eigenen Zopf aus dem Sumpf zu ziehen versuchte, übersehen sie völlig, dass sie hier Sinn, Zielstrebigkeit und Plan im Lebensgeschehen leugnen, nur um es geschwind durch ihre eigene «eingebrachte» Zielstrebigkeit, ihre sorgsam ausgeklügelten Pläne zu ersetzen.[25] Schon der greise Philosoph Arthur Schopenhauer nannte den Materialismus – und auf den laufen ja schließlich alle diese geistige Faktoren leugnenden Theorien hinaus – die «Philosophie jenes Individuums, das dabei völlig vergessen hat, an sich selbst zu denken». Sie werfen in der Tat, wie es ein bekannter Biochemiker beschrieb, die Zielstrebigkeit des Lebendigen (Teleologie) triumphierend zur Vordertür hinaus – und lassen sie dann klammheimlich zur Hintertür wieder herein!

Aber was bliebe denn auch anderes ührig? Es sei denn, man wäre ein so extremer Darwinist wie jener Zoologieprofessor, der auf die freilich entscheidende Frage, *wer* denn eigentlich da die Gene so raffiniert und in der einzig sinnvollen Art und Weise koppelt, zur Antwort gab: «Natürlich der Zufall».

Damit aber wären wir nun glücklich wieder ganz am Anfang und hätten uns den ganzen umständlichen theoretischen Umweg ersparen können. Wieder ist es, wie gehabt, «der Zufall und nichts als der Zufall», der allein alles verursachen soll. Denn was die «richtige» Koppelung der Gene allein durch diesen angeblichen deus ex machina der Evolutionstheorie Darwins anbetrifft, so kann man rechnen wie man will: Zufall mit Zufall multipliziert, durch Zufall dividiert, zum Zufall addiert oder vom Zufall subtrahiert sowie gar mit Zufall potenziert ergibt am Ende immer nur Zufall – aber niemals irgend etwas Sinnvolles!

15. Zuviel des Guten!

Was das Beispiel des Säbelzahntigers so besonders eindrucksvoll und verständlich demonstrierte, das gilt im Grunde für alle Organismen. Es braucht ja nur an die erstaunlichen Anpassungen der Orchideenblüten an ihre Bestäuber und umgekehrt erinnert zu werden oder an die so augenfällige «Ganzheitsnatur» des Spechtes! In jedem Lebewesen er-gänzen sich alle seine Organe, sind sie einander zu-georduet, voneinander abhängig und ermöglichen erst gemeinsam sein Leben und Überleben. Sie in ihrer Gesamtheit zu erfassen fällt recht schwer. So scheint es denn angebracht, leichter zu durchschauende Teil-Ergänzungen herauszugreifen, wie es bereits mit den beiden wichtigsten Schädel-Merkmalen des Smilodon geschah.

Natürlich entdeckt man auch bei Pflanzen entsprechende Beispiele in Fülle. Die Blüten unserer zeitig im Frühjahr erscheinenden Schlüsselblumen (Primula) etwa zeigen eine im Prinzig einfache, aber recht wirkungsvolle und «durchdacht» anmutende Einrichtung, um eine Selbstbestäubung auszuschließen und Fremdbestäubung regelrecht zu erzwingen. Der Botaniker nennt sie Heterostylie. Untersucht man nämlich mehrere Blüten bei verschiedenen Pflanzen, wird man dabei rasch die Feststellung machen, dass es davon zwei «Sorten» gibt. Bei der einen schaut aus der langen Blütenkronröhre die knopfige Narbe am Ende eines langen Griffels heraus, während bei der anderen Sorte kurz unterhalb dieser Kronröhrenöffnung ein Kranz gelber Staubbeutel an deren Wand auszumachen ist. Öffnet man die Blüten vorsichtig in der Längsrichtung, wird die Sache übersichtlicher. Bei der «langgriffigen» Blütensorte mit ihrer Narbe mitten im Kronröhreneingang stehen die Staubbeutel viel weiter unten in der Röhre, etwa in halber Höhe. Die andere Blütensorte hingegen ist «kurzgrifflig». Das bedeutet: Ihr Griffel ist gerade einmal so lang, dass seine Narbe in gleicher Höhe mitten in der Blütenkronröhre zu stehen kommt – also just dort, wo sich bei der anderen Sorte die Staubbeutel befinden! Die eigenen Staubbeutel dagegen stehen, wie ja schon erwähnt, viel weiter oben – wiederum also dort, wo bei der langgriffl igen Sorte die Narbe ihren Platz hat. Kommt nun ein Insekt, angelockt vom duftenden Nektar ganz unten im Grund der Kronröhre, etwa eine langrüsselige Hummel, so berührt sie mit ihrer in die Öffnung der Kronröhre gepressten Stirn die Narbe bei der langgriffligen Sorte, während sich der im Röhrengrund nektarschlürfende Rüssel in seiner Mitte an den tiefer sitzenden Staubbeuteln mit klebrigem Pollen einpudert. Ist nun die als nächste angeflogene Blüte wieder eine solche langgriffIige, passiert nichts – außer dass am Hummelrüssel noch zusätzlicher Pollen kleben bleibt. Besucht das Insekt jedoch eine kurzgrifflüge Blüte, so bepudert es sich jetzt an seiner Stirn, weil es die gegen ihre hochsitzenden Staubbeutel kurz hinter der Kronröhrenöffnung presst, während sich der Rüssel in dessen Tiefe vortastet. Dabei berührt er mit seiner pollenbedeckten Mitte zwangsläufig die hier weiter unten sitzende Narbe – und die Fremdbestäubung ist vollzogen! Wieder an eine langgriffIige Blüte geraten, stößt nun die pollenbedeckte Hummelstirn direkt gegen die Narbe und lädt dabei, von dem Tier selbst unbemerkt, den Blütenstaub der kurzgriffIigen Primel darauf ab, während sich der Rüssel weiter unten in der Kronröhre erneut einpudert.

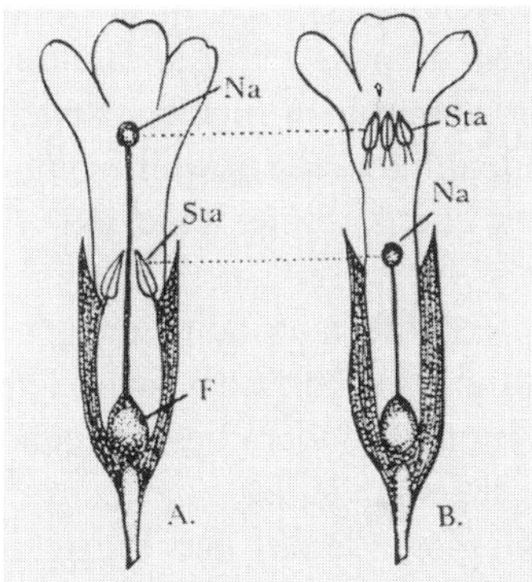

Langgriffige (A) und kurzgriffige (B) Blüte der Schlüsselblume. Staubbeutel (Sta) und Narben (Na) sind wechselseitig so angeordnet, dass nur eine gegenseitige Bestäubung durch Hummeln möglich ist, F = Fruchtknoten. Integrierte Ganzheit aus den Ganzheiten Blüten und Insekt.

Auf diese einfach erscheinende, aber nichtsdestoweniger geniale Art und Weise wird also erreicht, dass unsere Schlüsselblumen immer nur «über Kreuz» bestäubt werden können: die langgriffige Sorte kann ausschließlich mit dem Pollen einer kurzgriffigen und umgekehrt belegt werden.

Auch hier wäre also, wenn sich die Evolution beider Blütenformen tatsächlich schrittweise ganz allmählich vollzogen hätte, eine äußerst präzise Koppelung der Erbanlagen zweier Merkmale, sowohl der Griffellänge als auch der «Platzwahl» der Staubbeutel, vorauszusetzen. Was hier, im Vergleich mit Smilodon, die Sache allerdings noch wesentlich unwahrscheinlicher für den Zufall als alleinige Ursache macht, ist der besondere Umstand, dass die Mutationen der kurzgriffligen Blüte ja sozusagen «im Hinblick» auf die der langgriffligen und umgekehrt stattfinden müssten – bei zwei verschiedenen Organismen! Mit jedem Schritt zur Verlängerung des Griffels der langgriffligen Blüte müsste ein exakt entsprechendes weiteres Emporrücken der Staubbeutel der kurzgriffligen synchron einhergehen – und jeder Verkürzung des Griffels bei der kurzgriffligen Blüte müsste ein nicht minder exakt bemessenes Hinabrücken der Staubbeutel bei der langgriffligen entsprechen!

Übrigens kann die gleiche Heterostylie auch bei unseren Forsythien beobachtet werden. Man muss nur die Blüten mehrerer Sträucher untersuchen und wird dann auch hier feststellen: Es gibt kurz- und langgrifflige Forsythienblüten mit jeweils lang- oder kurzgestielten Staubbeuteln, so dass ebenfalls nur eine Bestäubung «über Kreuz» möglich ist.

So weit – so gut, möchte man annehmen, gäbe es da nicht den Blutweiderich (Lythrum). Der begnügt sich nämlich keineswegs mit nur zwei Sorten von Blüten, sondern besitzt sogar drei unterschiedlich organisierte Formen, die einander auf eine recht «verschlungene», aber erstaunlich gut funktionierende Art und Weise gegenseitig ergänzen. Seine zweimal sechs Staubgefäße und die Narbe stehen in jeder Blüte in drei «Etagen». Bei der kurzgriffligen Blüte steht die Narbe noch in der kurzen Blütenkronröhre, über sie hinaus ragen sechs mittellange Staubgefäße und noch eine «Etage» höher sitzen dann die anderen sechs auf besonders langen Stielchen. Daneben entdeckt man eine «mittelgrifflige» Blütenform. Bei ihr stehen sechs Staubgefäße in der Kronröhre, ein «Stockwerk» höher, also bereits ein Stückchen über der Kronröhrenöffnung folgt die Narbe, und zuoberst dann der zweite Kreis aus sechs langgestielten Staubbeuteln. Zuguterletzt gibt es auch noch eine langgrifflige Blütenform mit einem kurz- und einem mittellang gestielten Staubbeutelkreis und der Narbe im obersten «Stockwerk», weit aus der Blütenkronröhre herausragend. Wieviele falsche Kombinationsmöglichkeiten gäbe es hier, wenn alles dem «reinen Zufall und nichts als dem Zufall» überlassen wäre! Aber alles funktioniert fehlerfrei. Ja – zweifellos sind hier Gene gekoppelt, aber dass ganz «zufällig» unter allen berechenbaren falschen Kombinationen ausgerechnet (! welch verräterisches Wort!) die einzig richtigen «getroffen» wurden, das kann nun wirklich keiner mehr glauben! Nur ganz nebenbei soll noch darauf hingewiesen werden, dass es da noch eine weitere, höchst erstaunliche «Stimmigkeit» gibt! Die Pollenkörner der verschiedenen «Etagen» von Staubbeuteln sind nämlich unterschiedlich gestaltet und vor allem nicht von gleicher Größe! Vielmehr ist es exakt so, dass auf der «Etage» mit besonders großen Pollenkörnern der einen Blütensorte eine auf gleicher Höhe stehende, also von ihr zu bestäubende Narbe entspricht, deren belegbereite Oberfläche Fortsätze (Papillen) trägt, die Pollen von gerade *dieser* Größe besonders gut festhalten können: Sie sind besonders lang und stehen weiter auseinander als auf den Narben der anderen Blütenformen! Genauso verhält es sich auch bei unseren Schlüsselblumen!

Doch da existiert ja neben dem Zufalls-Problem noch das der Auslese, der Selektion jener Pflanzen mit den besten Überlebenschancen. Stellt sich hier doch ganz von selbst die Frage, ob denn solch ein unerhörter Aufwand tatsächlich nötig ist, diese umständliche «Tristylie», wie die Botaniker sagen. Genügt doch die «gewöhnliche» Heterostylie, wie die Primeln ja beweisen, vollauf! Existierte wirklich ein Selektionsdruck in Richtung Tristylie, dann dürfte es längst schon keine Schlüsselblumen mehr geben – und auch keine Forsythien, von all den unzähligen Arten, die ganz ohne Heterostylie auskommen, einmal völlig abgesehen! Und wenn es also keinen Selektionsdruck in dieser Richtung gibt – dann dürfte eben logischerweise auch keine Tristylie vorkommen, jene so unglaubliche Verkomplizierung der Fremdbestäubung! Überraschend ist bei alledem, dass es ausgerechnet Charles Robert Darwin selbst war, der feststellte, dass Samenansatz und Keimfähigkeit am größten sind, wenn die Bestäubung der Narben tatsächlich durch Pollen aus Staubbeuteln des gleichen Blüten-«Stockwerks» erfolgt!

Aber wozu das alles, wenn doch die gemeinen «Butterblumen», unsere so zahlreichen Hahnenfußarten ganz ohne dergleichen störanfällige Verkomplizierungen auskommen? Genügte doch bei der Tristylie schon eine einzige, ganz kleine Mutation, eine geringfügige Veränderung irgendeines dieser so harmonisch aufeinander abgestimmten Blütenmerkmale, und alle übrigen wären zur Sinnlosigkeit verurteilt, da ja nun nichts mehr richtig funktionierte! Je größer die Harmonie – umso schriller die Disharmonie, wenn auch nur *ein* Ton nicht stimmt! Ja, da diese «Butterblumen» geradezu massenhaft verbreitet sind, ganz im Gegensatz zum Blutweiderich, haben sie sich, getreu der Darwinschen Lehre, damit doch als «the fittest» erwiesen, die «Tüchtigeren». Auch diesmal wieder endet der Selektionismus in peinlichen Widersprüchen!

Auch im Tierreich entdeckt man allenthalben ähnliche Beispiele für Überdifferenzierungen, also für die Ausbildung unnötiger Verkomplizierungen, die keinesfalls durch eine Selektion der «Tüchtigsten» erklärt werden können, sondern ihr überzeugend widersprechen. Die Backenzähne unserer Elefanten, aber auch bereits die des eiszeitlichen Mammuts stellen die denkbar idealste Verwirklichung des Werkzeuges Feile dar. Sie übertreffen all unsere technischen Metall-Feilen an Leistungsfähigkeit!

Ist es uns doch bis heute noch nicht gelungen – und daran wird sich voraussichtlich auch in Zukunft nichts ändern! – eine Feile zu erfinden, die durch Gebrauch nicht stumpf, sondern ganz im Gegenteil sogar schärfer wird! Der technische «Trick», durch den diese unerwartete Eigenschaft der Elefantenzähne erreicht wird, ist schlechterdings genial. Ihre Kaufläche ist durch herausragende, scharfe Grate und tiefe Rillen oder Rinnen dazwischen rauh – darin also stimmen sie mit den technischen Feilen noch überein. Verständlich, warum zwischen den einander entsprechenden Feilenflächen der Backenzähne des Ober- und Unterkiefers selbst durch Kieselsäureeinlagerungen gehärtete Steppengräser mühelos zerrieben werden.

Gerade sie also sollten nun eigentlich ein rasches Abstumpfen der «Naturfeilen» bewirken! Doch wie gesagt: Das Gegenteil ist der Fall! Da sich nämlich die Reibeflächen der Elefantenzähne aus drei unterschiedlich harten Substanzen aufbauen – dem sehr harten Zahnschmelz, dem nicht ganz so harten Zahnzement und dem weicheren Zahnbein, die einander in schmalen Querstreifen abwechseln (Lamellen) und unterschiedlich stark beim Kauen abnutzen – bleibt das «rauhe» Relief nicht nur erhalten, sondern verstärkt sich sogar noch.

Am höchsten ragen, weil am wenigsten abgenutzt, die scharfen Grate des Zahnschmelzes hervor, weniger hoch die des sich etwas rascher abnutzenden Zements, und die Rinnen aus «weichem» Zahn-

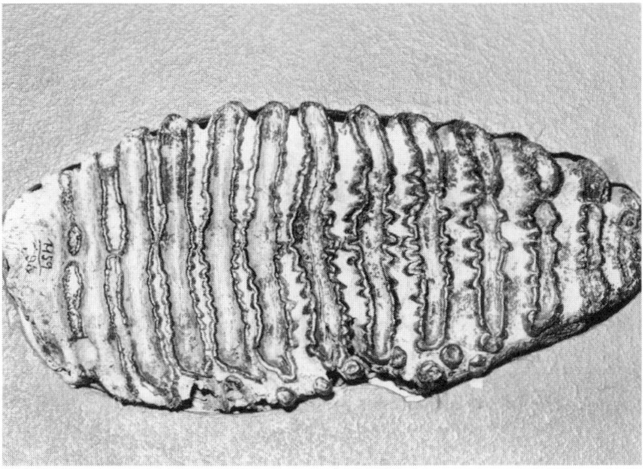

Kaufläche eines Mammut-Zahnes. Sie stellt eine Feile dar, deren Grate und Rillen unterschiedlich (und hier entsprechend schwarz, weiß und grau getönt) hart sind. Sie nutzen sich verschieden rasch ab, so dass die «Feile» durch Gebrauch geschärft wird!

Die Dreihorn-Echse Triceratops war ein harmloser Pflanzenfresser. Die beiden langen Stirnhörner lassen das «Nasenhorn» überflüssig werden – dennoch soll auch es natürlich ein Ergebnis der Selektion sein (Rekonstruktion)!

bein dazwischen werden am schnellsten zunehmend tiefer ausgeschliffen.

Nun hat der bekannte Paläontologe Otto Schindewolf schon vor längerer Zeit nachweisen können, dass die Vorfahren unserer heutigen Elefanten und der Mammute sehr viel weniger «Lamellen» auf ihren Backenzahn-Kauflächen besaßen. Während der Evolution bis zum Mammut z.B. war eine schrittweise Vermehrung der Lamellen festzustellen. Ihre Zahl stieg bis auf siebenundzwanzig an! Sie passten sich dadurch, so die übliche Erklärung durch die Theorie, im Verlaufe dieser Vervollkommnung der «Feilenflächen» immer besser der harten Grasnahrung an.

Nun aber stellte Schindewolf fest, dass allenfalls bei der noch geringen Lamellenzahl ganz zu Beginn dieser Entwicklung das Hinzukommen einiger weiterer einen geringen Selektionsvorteil bedeutet haben dürfte (wieso übrigens diese angeblich blinden und ziellosen Mutationen stets ganz kontinuierlich die Lamellenzahl vergrößerten und niemals wieder ein «Rückschritt» erfolgte, der doch ebenso wahrscheinlich ist wie der «Fortschritt» – diese Frage wird hier lieber erst gar nicht aufgeworfen!). Nachdem aber einmal etwa 18 Querjoche ausgebildet waren, konnte eine weitere Vermehrung um ein Achtzehntel oder später dann um ein Zwanzigstel usw. mit absoluter Gewissheit keinerlei lebenswichtigen Vorteil im «Kampf ums Dasein» mehr mit sich bringen. Es wäre geradezu absurd, anzunehmen, Elefanten mit nur 26 Querjochen auf jeder Kaufläche ihrer Backenzähne seien gegenüber anderen mit 27 derart benachteiligt, dass sie allein deshalb zum Aussterben verurteilt gewesen wären!

Offenbar gibt es tatsächlich eine Evolution ganz ohne Auslese (Illies). Schindewolf weist darauf hin, dass der Trend in Richtung auf eine Reduzierung der Zehenzahl von anfänglich fünf auf nur eine einzige im Verlauf der (mutmaßlichen) Pferdeentwicklung absolut nichts mit irgendeiner Anpassung an das Leben in der Steppe mit ihrem harten Boden zu tun hat. Natürlich ist lediglich ein Huf an jedem Fuß für schnell laufende Steppentiere günstiger als fünf Zehen, die ja nicht allein eine erheblich größere Bodenreibung und damit einen entsprechenden Energieverbrauch verursachen, sondern auch leichter verletzt werden können. Zehenverlust bedeutet also in der Steppe tatsächlich einen Selektionsvorteil. Nur, wie Schindewolf belegen konnte: Der erwähnte Trend setzte bei den Urpferden seltsamerweise schon lange

Zeit vor der Besiedlung der Steppe ein, während die Tiere noch im Buschwald lebten und sich auf morastigem Boden fortbewegen mussten! Aber gerade dort hätten doch nach der Selektionstheorie ausgerechnet jene Tiere der unerbittlichen Auslese zum Opfer fallen müssen, deren Zehen anfingen, immer kürzer zu werden, wodurch die meisten den Boden gar nicht mehr berührten.

Gerade auf morastigem Waldboden – man denke doch nur an Wildschweine oder Tapire! – sind auseinanderspreizbare und dadurch die Standfläche vergrößernde Zehen zweifellos vorteilhafter als ein einziger Huf, weil sie das hinderliche Einsinken verhindern. Peinlicherweise ist also eine Auslese durch alleiniges Übrigbleiben der rein zufällig besser Angepassten ausgerechnet beim sogenannten «Paradepferd der Abstammungslehre» unvorstellbar! Nicht eine zufallsbedingte Anpassung an besondere Lebensbedingungen bringt derartige «Trends» hervor, sondern genau umgekehrt lebten «die jüngeren Pferde ... in der Steppe, *weil* ihre aus anderen Gründen erfolgte Spezialisierung sie zu diesem Leben besonders befähigte und sie daher in jenen Wohnraum drängten, wo allein ein harmonischer Ausgleich zwischen der gegebenen Form und ihren Funktionsmöglichkeiten besteht».[26]

Doch noch einmal zurück zu den für ein Überleben unnötigen «Verkomplizierungen. Warum in aller Welt «braucht» ein Nashorn in Afrika zwei Hörner auf seiner Nase, wenn doch die Panzernashörner in Sumatra ebensogut mit nur einem auskommen? Was für einen «Selektionsvorteil» sollte solch ein überzähliges Horn, dazu noch kürzer als das «Haupthorn» denn bringen? Nicht anders verhält es sich mit dem Nasenhorn des ausgestorbenen Riesenreptils Triceratops aus der Kreidezeit. Was hätte es dem Tier nützen können, das doch zwei sehr viel längere Stirnhörner zur Abwehr von vorn angreifender Feinde besaß? Oder gar das schwere Geweih der Riesenhirsche, das sie zum Aussterben zwang, als nach dem Ende der Eiszeit wieder Wälder emporwuchsen, in denen sich die Tiere mit diesem ausladenden Kopfschmuck nicht mehr bewegen konnten? Unsere heutigen Hirsche oder Renntiere, die es beide damals auch schon gab, überlebten – ohne und gerade ohne derartige nur lästige Bildungen. Es konnte zu keiner Zeit ein Selektionsvorteil, gar ein Selektionsdruck in Richtung auf eine derartig exzessive Geweihbildung geherrscht haben. Andernfalls hätten doch gerade Renntiere und Rothirsche nicht bis heute überlebt!

Nicht von ungefähr waren es immer und immer wieder Paläontologen, gediegene Kenner der ausgestorbenen Tierwelt und Pflanzenwelt, die der Darwinschen Selektionstheorie ablehnend gegenüberstanden, weil sie erkannt hatten, dass die geschichtlichen Fakten nicht dem starren Dogma entsprachen. Es ist nun einmal so, dass sich die Tatsachen nicht nach der Theorie richten!

Auch der seltsame Stirnaufsatz des Nashornkäfers kann nicht durch Selektion erklärt werden. Alle seine Verwandten, Pillendreher, Mistkäfer, Maikäfer (Lamellicornier, siehe Farbbild vierte Umschlagseite) kommen ohne ihn aus. Ein überzeugendes Beispiel zweckfreien «Luxurierens».

16. Überflüssige Pracht!

Wenn bereits nicht überlebensnotwendige «Verkomplizierungen» im Bau von Organismen durch die Darwinsche Selektionstheorie nicht zu erklären sind, so gilt das noch überzeugender für die von uns als schön, ja nicht selten sogar als prächtig empfundenen Farben und Muster im Tierreich. Einmal abgesehen von ausgesprochenen Tarnfarben, die Tiere vor ihren Fressfeinden verbergen, und Warnfarben (Mimikry), die Feinde erschrecken und in die Flucht jagen, versagt hier die Theorie von einer Auslese im Kampf ums Dasein. Welchen Überlebensvorteil sollte denn ein besonders schönes, farbenprächtiges Vogelgefieder einem schlicht schwarzen (Amseln, Stare, Krähen) oder braun-grauen (Sperlinge, Zaungrasmücke, Weidenlaubsänger u.v.a.) gegenüber bewirken? Wenn also keine Auslese durch Kampf stattfinden konnte, dann muss es eben einen anderen Evolutionsfaktor geben, der durch Auslese dieser «schönen» Formen, Muster und Farben zu immer prachtvollerer Entfaltung gesteigert hat.

Da kam Darwin auf die seine Theorie wieder einmal rettende Idee der «geschlechtlichen Zuchtwahl». Die in der Regel bunter, auffallender als ihre Weibchen gefiederten männlichen Vögel haben, so schrieb er im Jahre 1871, ihre «jetzige Gestalt» nicht erworben, um besser für den Kampf ums Dasein gerüstet zu sein! Dabei nützt nun einmal Schönheit gar nichts – eher, weil sie ja auffällig ist, bringt sie gerade Nachteile mit sich. Nein, Darwin meinte, der Vorteil solch schöner Gefieder bestehe in dem besonderen Eindruck, den der Hahn – man denke doch nur an die Pfauenhahnbalz! – auf die Hennen macht. Er schrieb: «Ebenso wie der Mensch entsprechend seinem augenblicklichen Geschmack dem männlichen Geflügel Schönheit anzüchtet, ... ebenso scheinen die weiblichen Vögel im Naturzustande durch eine fortgesetzte Bevorzugung der anziehenden Männchen deren Schönheit und andere Reize erhöht zu haben».[27] Anders ausgedrückt: Diese schönheitsliebenden Hennen haben unter den sie balzend umwerbenden Pfauenhähnen immer die zur Paarung ausgewählt, die am schönsten waren und ihnen dadurch am meisten imponierten. Da sich nun, wie Darwin vermutete, diese Schönheit auf die männlichen Nachkommen weitervererbte und auch weiterhin eine ständige Auslese, eine «geschlechtliche Zuchtwahl» seitens der schönheitstrunkenen Hennen von Generation zu Generation erfolgte, mussten die Pfauenhähne

Der balzende Pfauenhahn präsentiert sein «Rad» als Auslöser der Paarungsbereitschaft der Pfauenhenne.

Die Federn des «Goldfeldes» hinter dem kobaltblauen Hals des Pfauen tragen durch den optischen «Entkörperungseffekt» zur Prachtentfaltung erheblich bei.

immer schöner und prächtiger werden. Immerhin darf es als ein weiterer Beweis für die Ehrlichkeit Darwins gelten, dass er an dieser «ästhetischen Kennerschaft» (J. Illies) der Pfauenhennen doch erhebliche Zweifel einräumte: «Unzweifelhaft ist es eine merkwürdige Tatsache», so schrieb er 1871, «dass sie dieses fast menschliche Maß von Geschmack besitzen!»[28]

Nein, so ging es wohl bei der Entwicklung des herrlichen, buntschillernden Pfauenrades gewiss nicht zu! Und was gar den Zufall als Schöpfer dieser Pracht anbetrifft, so wird er auch hier gleich mehrfach und seine Unwahrscheinlichkeit potenzierend überstrapaziert! Nützten doch dem Pfauenhahn bei seiner Balz um die Gunst der Hennen die herrlichen Federn überhaupt nichts, wäre ihm nicht gleichzeitig (!) auch das im übrigen recht «verzwickte» Programm für deren richtige, verführerische Verwendung gegeben. Diese Federn müssen ja nicht allein so kunstvoll als riesiger «Hohlspiegel» auseinandergespreizt werden, dass die «Augen» allesamt auf geometrisch exakt gezogenen, sich mehrfach gegenseitig überkreuzenden Bogenlinien zu liegen kommen! Nein: Auch das «richtige» Präsentieren durch ein seltsam ruckartiges Drehen und Wenden vor der Henne, das wie ein gut einstudierter Ballett-Tanz anmutet, gehört notwendigerweise dazu.

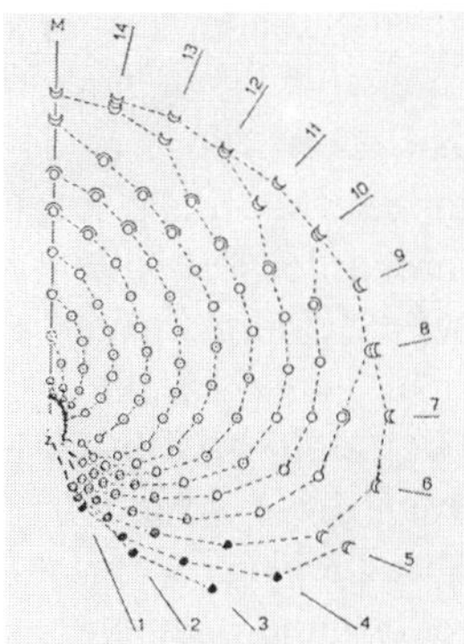

Schema der Federordnung im Pfauenrad. 1-14: Längsreihen; die 15. Reihe bildet die Mittellinie M. Die Reihen 1-5 bilden den unteren Saum. Kreise bezeichnen Augenfedern, Halbmonde die Randfedern; die Fransenfedern sind schwarz angedeutet (aus Portmann, Neue Wege. Ver.).

Nicht minder jenes merkwürdige Scheinpicken! Die Verhaltensforscher deuten heute diese Pfauenhahnbalz ja durchaus nicht mehr, wie Darwin, als ein Zurschaustellen von Schönheit. Sie möchten im Gebaren des Hahnes eher ein ritualisiertes Futteranbieten erblicken. Alles in allem wissen wir, dass dadurch die Hormondrüsen der Hennen angeregt und sie letztlich paarungsbereit gestimmt werden. Aber all das gibt ja keine Erklärung für das Entstehen dieses so aufwendigen Zierrates und Rituales, zumal jeder ganz gewöhnliche Hahn auf seinem Hühnerhof ganz ohne dergleichen üppigen Aufwand seine Hennen zum Futter lockt und erfolgreich um sie wirbt. Dass die ganze unerhörte Pracht, die selbst Dichter zu inspirieren vermochte, völlig überflüssig ist, das bewies überraschenderweise jener schneeweiße Albino-Pfauenhahn im Baseler Zoo, von dem A. Portmann berichtet, dass er mit seiner ganz und gar «farblosen» Balz bei den normal gefärbten Hennen mindestens den gleichen, wenn nicht sogar noch größeren Erfolg hatte als seine so auffällig bunt schillernden Nebenbuhler.

Was übrigens dieses bunte Schillern anbetrifft, so erschweren hier in der Tat noch so manche weiteren Einzelheiten eine Zufalls-Erklärung. Sie ergänzen die anderen Merkmale viel zu minutiös, zu «durchdacht» anmutend, als dass hier auch nur entfernt von einer beliebig-zufälligen, planlosen Entstehung die Rede sein könnte. Zum einen sind diese schillernden Rückendeckfedern, die da zum Rad aufgefächert werden, im Gegensatz zu allen anderen schillernden Schmuckfedern, beispielsweise bei den Entenvögeln, nicht allein an ihren Säumen bunt, während alle von Nachbarfedern überdeckten Teile unscheinbar grau bleiben, sondern als Ganze. Das muss ja auch so sein, weil beim Auseinanderfächern während der Balz alle Teile zu sehen sind! Zum anderen ist das metallische Schimmern und Glänzen ebenso wie die «Farbe» Blau ein physikalischer Effekt, erzeugt durch bestimmte Feinststrukturen wie bei den blauen Schmetterlingsschuppen. Verblüffenderweise werden diese Strukturen – exakt an den «richtigen» Stellen, so dass sie beispielsweise ein «Auge» darstellen – bereits ausgebildet, wenn die Federfahne noch eng zusammengerollt in ihrer Hornscheide heranwächst!

Adolf Portmann weist indes noch auf ein weiteres interessantes, den Zufall als «Schöpfer» abermals ausschließendes Phänomen hin. Die Federn im Zentrum des Rades sind merkwürdig gestaucht. Ihre Äste liegen dicht zusammen und bilden eine goldgrün schillernde Fläche, gesäumt durch einen tiefschwarzen Rand. «Dieses zentrale Goldfedernfeld», schreibt der bekannte Zoologe, «dient beim Aufrichten des Rades als Hintergrund für den blauschillernden Hals. Und wir erleben in dieser Gestaltung eine weitere der vielen erstaunlichen Einzelheiten der Zusammenarbeit verschiedener Federgruppen. Nicht nur ist das goldgrüne Feld ein wunderbarer Kontrast für den blauschillernden Hals: Das Gelb wirkt auf unsere optischen Sinne aggressiv vordrängend, dass davor stehende Blau wirkt fliehend – der Vordergrund tritt für das Auge optisch zurück, der Hintergrund drängt vor – die beiden Farben bewirken ein Entkörpern des Vogels, eine Verfremdung der Normalgestalt – sie arbeiten mit an seiner Verwandlung zu einer optisch wirkenden Fläche von Hohlspiegelform».[29]

Vollends versagen aber muss die Hilfshypothese einer «geschlechtlichen Zuchtwahl», wenn es um die vermeintliche «Erklärung» der Schönheit geht, wo diese überhaupt nicht wahrgenommen werden kann! Darwin wusste zu seiner Zeit noch nicht, dass Schnecken und Muscheln Farben überhaupt nicht sehen, sondern, wie alle Farbenblinden, lediglich Grautöne, Hell und Dunkel. Wie sollten demnach bei diesen Tieren, zumal bei den Zwittern, den Hermaphroditen unter ihnen, solche schönen, geoemetrisch exakt gemusterten und gelb, rot oder braun gefärbten Schalen durch eine Auslese entwickelt worden sein? Darwin selbst schrieb ja: «Obgleich bei den Mollusken die geschlechtliche Zuchtwahl keine Rolle gespielt zu haben scheint, sind doch manche schön gefärbt und geformt. Diese Farben dürften wohl in den meisten Fällen nicht zum Schutze dienen...».[30] Später dann fügt er noch ergänzend hinzu: «Auch ist es überhaupt nicht klar, wieso die Nachkommen der schönen Hermaphroditenpaare einen Vorteil über die der minder schönen haben sollten, so dass sie an Zahl zunähmen....».[30] Damit aber gesteht er höchstselbst unumwunden ein:

Weder eine Auslese im Kampf ums Dasein, noch eine solche bei der geschlechtlichen Zuchtwahl sind Evolutionsfaktoren bei der Entstehung von Schönheit. Hier versagt seine Theorie als Erklärung vollständig! Nein, sie ist nicht zu ignorieren, diese so überflüssige Schönheit. Warum denn in aller Welt sollte es einen Selektionsdruck in Richtung auf den herrlichen Gesang unserer Nachtigall gegeben haben, wo doch bei Sperlingen ihr unmelodisches Geschilpe einen weit größeren Erfolg im Kampf ums Dasein beschert? Immerhin gibt es ja viel, viel mehr Spatzen als Nachtigallen – und die Zahl der Nachkommen ist nun einmal für Darwin einziger Maßstab der Überlebenstüchtigkeit! Warum die Prachtgefieder der Paradiesvögel, die äußerst komplizierten Bau- und Schmückinstinkte der Laubenvögel, wenn es doch auch das schlichte, schwarze Gefieder unserer Amseln mit einem weit beachtlicheren Fortpflanzungserfolg tut?

Je mehr die Forschung über die Lebensweisen und Leistungen der Organismen in Erfahrung bringt, umso unwahrscheinlicher erscheint der «blinde» (Dawkins) Zufall als ihre Ursache, umso hoffnungsloser werden die Versuche, alles und jedes durch Mutation und Selektion als Haupttriebfedern einer Evolution erklären zu wollen. So verwundert es denn auch nicht, dass einer der besten Kenner der an Gestalten und unglaublichen Instinktleistungen so unendlich reichen Welt der Insekten, der berühmte Entomologe Jean-Henri Fabre, schon zu Darwins Lebzeiten, dessen Selektionstheorie rundweg ablehnte. «Für Fabre», so schreibt Portmann, «waren alle die erstaunlichen Äußerungen dieses Insektenlebens das sichtbare, das offenbare Werk einer Schöpfermacht, deren Wirken unsere Vorstellung nicht zu fassen vermag. Vor ihm war eine Ordnung von solcher Größe, dass er einem Fragenden wohl antworten durfte, er glaube nicht an Gott, er sehe ihn! So groß war das Wunder, das er jeden Tag seines Lebens erforscht hat, dass er jeder Versuchung entrückt war, sich die Entstehung solcher hohen Ordnungsweisen als das Zusammenspiel zufälliger erblicher Varianten im Erbgeschehen mit der Auslese zu erklären».[31]

Es spricht wiederum für die Ehrlichkeit Darwins, dass er diesem französichen Forscher, mit dem er in Briefwechsel stand, freimütig zugestand, er sei ein «unübertroffener Beobachter»!

17. Ärger mit der unverzichtbaren Zielstrebigkeit!

Beim Anblick einer indischen Blattheuschrecke (Phyllium) müsste jedem überzeugten Anhänger der Selektionstheorie das Herz eigentlich rascher und höher schlagen! Welch grandioses Beispiel für eine schlechterdings vollkommene Anpassung an den tropischen Lebensraum und seine Ernährungsbedingungen! Was für ein schlagender «Beweis» für das Überleben des besser Getarnten! Doch wehe, wenn er trotz aller anfänglichen Euphorie einmal beginnt, über den mutmaßlichen Entwicklungsweg dieser Tiere ernsthaft und kritisch nachzudenken. Dann häufen sich die Probleme zu Berge!

Niemand, der diese seltsamen Tiere lebend in ihrer Heimat Sri Lanka beobachten konnte, vermag an dieser Tatsache zu zweifeln. Allerdings: Ein leichtes Unterfangen sind solche Lebendbeobachtungen wahrhaftig nicht, denn die Blattheuschrecken lassen ihrem so bezeichnenden Namen alle Ehre zukommen. Nicht genug damit, dass diese mitten im grünen Laub lebenden und sich auch von ihm ernährenden Schmarotzer selbst am ganzen Leibe laubgrün gefärbt und infolgedessen für ihre Fressfeinde kaum auszumachen sind.

Nein, nicht nur ihre Körperabschnitte und Flügel sind blattartig geformt, abgeflacht und verbreitert – selbst die Beinglieder sehen wie Blattstücke aus! Nicht einmal die hervortretenden Blattrippen werden hier vermisst. Kein Maskenbildner hätte nach ausgiebigem Studium aller Umweltbedingungen, Lebensgewohnheiten und Sinnesschärfe wie Instinkte sämtlicher überhaupt in Frage kommender Feinde wirksamer und vollkommener getarnte Gestalten erfinden können. Scheint es nicht geradezu raffiniert «ausgeklügelt», wenn bei einigen Arten nicht nur «angefressene» Blattränder, sondern sogar «Pilzbefall» und «Vogel-Kotspritzer» nachgeahmt werden, die die Täuschung perfekt machen?

All dies muss der Darwinist als Ergebnis einer blind wirkenden Auslese erklären. Heuschrecken mutieren, so wird er – durchaus richtig! – feststellen. Wenn eine dieser sprunghaft auftretenden erblichen Änderungen der Gestalt oder Färbung zufällig tarnend wirkt, dann wird das betreffende Tier anderen gegenüber, die zufällig weniger gut getarnt sind, im Kampf ums Überleben im Vorteil sein. Es vererbt seine nützlichen «Neuerwerbungen» an die Nachfahren – und so addieren sich im Laufe langer Zeiträume diese zufällig vorteilhaften Mutationen,

Die Blattheuschrecke ahmt täuschend grüne Blätter nach: mit richtig angeordneten Mittel- und Seitenrippen!

bis am Ende das «vollkommene Lebewesen» als reines Produkt aus «Zufall und Notwendigkeit» entstanden ist.

Seltsam immerhin, dass es anscheinend noch niemals einem überzeugten Darwinisten aufgefallen ist, wie gründlich sich auch dieses simple Denkschema selbst widerspricht. Lassen sich für diese beschämende Tatsache doch gleich mehrere plausible Gründe und beweiskräftige Beispiele anführen!

Es ist in der Tat – beschämenderweise! – immer wieder das Gleiche: Wäre nämlich diese so vollkommene Anpassung an die Blattgestalt für unsere Blattheuschrecken zum Überleben wirklich notwendig, wieso konnten dann eigentlich über Jahrmillionen hinweg die Noch-nicht-Vollkommenen, die also erst auf dem Weg zur Vollkommenheit der Anpassung waren, überhaupt der Selektion entgehen? Hätten sie nicht gerade durch diese angeblich «schöpferische» Auslese im unerbittlichen Kampf ums Dasein längst ausgemerzt werden müssen, bevor sie diese angepasste Endform ihrer Evolution erreichten? Genau dies ist mit der Feststellung gemeint, dass sich im Grunde genommen das gefeierte «Selektionsprinzip» selbst widerlegt. Schon bei der mutmaßlichen Entwicklung des Auges war ja jenes grundsätzliche Dilemma des Darwinismus zur Sprache gekommen. Ja, je mehr Zeit man dieser «ganz allmählichen» Herausbildung aller tarnenden Merkmale in der Theorie zubilligt, von der irrigen Meinung besessen, das unglaubliche Geschehen würde dadurch wahrscheinlicher, umso drängender nur erhebt sich die Schicksalsfrage, wie die noch nicht getarnten Vor- und Zwischenstufen diese lange «Wegstrecke» über Hunderttausende von Generationen durchstehen konnten.

Aber das ist ja beileibe noch nicht alles, was sich hier an Widersprüchen und Widersinn jedem unvoreingenommenen Kritiker zu erkennen gibt! Da also diese vielen, vielen «Vorstufen» tatsächlich *nicht* im «Kampf ums Dasein» ausgemerzt wurden (denn dann gäbe es ja heute keine Blattheuschrecken!) – welchen Grund sollte es überhaupt jemals für eine Weiterentwicklung in Richtung auf die endgültige «Vollkommenheit» der Blattanpassung gegeben haben? Offensichtlich hatten die Tiere keine besondere Tarnung nötig, es herrschte also keinerlei «Selektionsdruck», der zu immer weitergehender, immer präziserer Blattnachahmung gezwungen hätte! Es lässt sich nun einmal schwerlich abstreiten, dass die Mehrzahl aller heute lebenden Heuschreckenarten bei weitem nicht annähernd so täuschend an ihre Umgebung angepasst ist wie diese Blattheuschrecken und dass sie, dessen völlig ungeachtet, dennoch seit undenklichen Zeiten überleben und sich im «Daseinskampf» erfolgreich behaupten!

Aber da stellt sich ein weiteres Problem, ein neuer Stolperstein der Theorie liegt sozusagen mitten im Weg dieser Entwicklung. Und das nicht etwa nur im Fall der Blattheuschrecken. Nein: Die gleiche Frage stellt sich für jeden hypothetischen Entwicklungsweg: Wo sind denn eigentlich die Spuren aller jener «auf der Strecke gebliebenen Formen», die im Kampf ums Dasein untergegangen sind? Müsste denn nicht, denkt man – ausnahmsweise! (M. Thürkauf) – die Theorie folgerichtig zuende, die geologischen Schichten mit ihren Fossilien überwiegend Krüppelfriedhöfe sein? Geradezu vollgepfropft mit überwiegend «lebensuntüchtigen» Zwischenstufen und «Irrläufern» der Evolution, da sich doch angeblich ausschließlich «the fittest», die Tüchtigsten, die am besten angepassten Tiere behaupten konnten, alle anderen ausstarben? Wo sind denn ihre fossilen Überreste?

Es gibt sie nicht – nicht einmal in geringfügigen Spuren. Alles, was die Paläontologen bis heute an Fossilien in diesen alten Ablagerungsschichten der Erdkruste entdeckt haben, war stets überlebensfähig und konnte sich über unvorstellbar lange Zeiträume hinweg behaupten! Es gab nie irgend ein «unvollkommenes», ein nicht «tüchtiges» Tier!

Im Übrigen scheint die extreme Anpassung der Blattheuschrecken tatsächlich auch jetzt noch das Maß des zum Überleben Erforderlichen weit zu übersteigen. Nicht alle Individuen einer Art sind nämlich grün gefärbt wie die Blätter, zwischen denen sie sich bewegen! Abgesehen davon, dass auch das Grün der übrigen recht unterschiedliche Tönungen aufweist, gibt es daneben orangefarbene Tiere – und sie überleben durchaus! Ja, die Blattheuschrecken sind immer noch nicht ausgestorben, obwohl doch ihre Jugendstadien «falsch» gefärbt sind! Die ebenfalls grünen Larven wandern nämlich auf dem braunen Erdboden zu ihren Fraßbäumen und sie verzehren währenddessen mit Vorliebe auch welke, braune Blätter, vor denen als andersgefärbtem Hintergrund sich ihre Körper immerhin recht deutlich abheben.

Bei großer Bevölkerungsdichte kommt es sogar vor, dass die Tiere, eng neben- und übereinander auf den Zweigen hockend, sich gegenseitig anknabbern – offenbar selbst gefoppt von so viel Blattähnlichkeit.[32] Das ist – wenn man so will – gewissermaßen die Kehrseite der extremen Anpassung an die Blattgestalt, die sie also unvorteilhaft, ja nachteilig werden lässt und ihre Funktion im Kampf ums Dasein ins direkte Gegenteil verkehrt. Ist doch in dieser vertrackten Situation am meisten gefährdet, wer am vollkommensten einem echten grünen, saftigen Pflanzenblatt ähnelt. Wie aber könnten Mutation und Selektion etwas derart ihren sonstigen «Aufgaben» in der Evolution Widersprechendes hervorgebracht haben?

Was die recht fragwürdige Notwendigkeit solch extremer Anpassung an die Umwelt angesichts der Tatsache, dass die meisten Heuschrecken ganz ohne dergleichen Tricks auskommen, anbetrifft, so gilt das von den Blattheuschrecken Festgestellte gleichermaßen auch für die Stabheuschrecken. Ihr langgestreckter, dünner und grün oder braun gefärbter Körper macht sie dürren Ästchen täuschend ähnlich. Allerdings: Ergänzte nicht eine «vorprogrammierte» Verhaltensweise, ein exakt dazu passender «Instinkt» also, diese merkwürdigen Gestalt- und Farbmerkmale, so nützten sie den Tieren trotz all ihrer Vollkommenheit nicht das Geringste! Nur wenn sie völlig wie erstarrt und bewegungslos sitzenbleiben, wenn sie irgendeine Gefahr bedroht, gelingt ja das raffinierte Täuschungsmanöver – und genau das tun sie denn ja auch instinktiv. Ja, im äußersten Notfall lassen sich diese Stabheuschrecken sogar einfach zu Boden fallen und pressen – wiederum instinktiv «richtig» – ihre überschlanken Beine fest an den Leib. Allein durch diese sinnvolle gegenseitige Ergänzung von Gestaltmerkmalen, Körperfärbung und Verhalten sehen sie jetzt im Fallaub und unter Büschen kleinen, abgebrochenen Ästchen derart ähnlich, dass kaum einer ihrer Verfolger sie zu entdecken vermag. Auch hier stellt sich nun wieder die alte Frage: Wenn diese so außergewöhnlich «vollkommene» Anpassung an die Umweltverhältnisse wirklich nötig war zum Überleben, wenn also ein entsprechender «Selektionsdruck» in Richtung auf diese Anpassung hin herrschte – wie konnten dann die noch nicht derart vollkommenen, die halbfertigen Vorstufen dieser Höherentwicklung über lange Zeiträume und unüberschaubar viele Generationen hinweg der Auslese im Kampf ums Dasein entgehen? Und zweitens: Wieso überlebten, vielfach sogar im gleichen Biotop, also unter den selben Lebensbedingungen, unmittelbar daneben die ganz «gewöhnlichen» Heuschrecken?

Vielleicht mag gerade dieser letztgenannte Widerspruch in der neodarwinistischen Theorie durch den Vergleich zweier nah verwandter Heuschreckenarten noch deutlicher und überzeugender zum Ausdruck kommen. Die «Gottesanbeterin» (Mantis religiosa) hat sich zur Raubheuschrecke entwickelt mit martialischen, ihre bedauernswerten Opfer, andere Insekten, wie Fangeisen festhaltenden und mit spitzen, lanzenartigen Dornen durchbohrenden Fangbeinen. Sehen wir ganz bewusst einmal ab von der Frage, wie viele Organe und neue, dazu «passende» Instinkte sich bei diesem sonderbaren Tier gegenseitig sinnvoll ergänzen müssen, damit es seine ganz spezielle räuberische Lebensweise überhaupt führen kann. Es wäre wiederum geradezu astronomisch unwahrscheinlich, dass «nichts als der Zufall» (Monod) diese «Synorganisation» (Portmann) zustande gebracht haben könnte. Kommen wir bei späterer Gelegenheit auf diese immerhin entscheidende Problematik zurück. Vorerst interessiert uns auch hier wieder die Frage, wie die unvollkommenen Evolutions-Vorstufen überleben, also der «Selektion» entgehen konnten – und wiederum ist nur eine Antwort darauf möglich: die gleiche wie bei der Blattheuschrecke oder den Stabheuschrecken auch!

Aber da kommt denn doch noch etwas Eigenes hinzu. Die Gottesanbeterin lebt mitten unter lauter Pflanzenfressern, denn sie ernährt sich ja von ihnen auf ihren Futterpflanzen jagend. Mithin bestand also niemals ein etwa durch Mangel an Blättern oder jungen Sprossen bewirkter «Selektionsdruck» in Richtung auf Fleischernährung und räuberische Lebensweise. Welchen Überlebensvorteil – und die Theorie fordert nun einmal unerbittlich einen solchen, gewissermaßen als «Motor» und Antrieb des Entwicklungsprozesses – soll es also hier gegeben haben gegenüber den friedlichen, Pflanzenfresser gebliebenen «Nachbarn» im haargenau gleichen Biotop? Ist doch das mühsame Jagen viel, viel anstrengender, zeit- und auch kraftraubender sowie, was seinen Erfolg anbetrifft, wesentlich unsicherer als das friedliche Suchen nach Pflanzenblättern, die den Tieren wie im Schlaraffenland sozusagen ganz von alleine zwischen die schneidenden Kiefer wachsen? Warum in aller Welt hätten also einige von ihnen dieses so bequeme, über Jahrmillionen hinweg erfolgreiche und sichere Leben gegen ein ungewisses Jägerdasein eintauschen sollen? Wenn, wie es die Theorie verlangt, die Zahl der Nachkommen Maßstab der «Überlebenstüchtigkeit» ist, dann sind die «gewöhnlichen» Heuschrecken, von denen es so unermesslich viel mehr Arten und Individuen gibt als Blattheuschrecken, Stabheuschrecken und «Gottesanbeterinnen», ohne Zweifel nach den Lehren des Darwinismus die «Tüchtigsten» – also

Gottesanbeterin (Mantis) aus Sri Lanka. Ihre Vorderbeine sind zu gefährlichen Fangbeinen geworden, mit denen sie ihre Beute überwältigt und festhält.

Unsere einheimische Feldheuschrecke ist ein reiner Pflanzenfresser mit «normalen» Vorderbeinen. Dafür sind ihre Hinterbeine als kräftige Sprungbeine mit dicken Schenkeln ausgebildet.

eben jene, die eigentlich allein überleben dürften. Wie aber konnte es dann geschehen, dass eine offensichtlich geringere «Überlebenstüchtigkeit» zum «Selektionsdruck» wurde? Dass es Gespenstheuschrecken und Gottesanbeterinnen überhaupt gibt, ist eine nicht abzustreitende Tatsache, die Darwins Theorie und ihre Grundforderungen geradezu auf den Kopf stellt!

Doch keineswegs genug damit. Die Gottesanbeterin, übrigens auch in Europa zuhause, besitzt in Afrika eine nahe Verwandte mit dem vielversprechenden Namen «Teufelsblume» (Idolum diabolicum) – und das gewiss nicht zu Unrecht, obwohl es sich ja keineswegs um eine Pflanze handelt. Diese Fangheuschrecke ahmt nämlich in der Tat Blüten nach – nicht minder täuschend als die Blattheuschrecke grünes Laub. Ihre ebenfalls blattartig erweiterte Vorderbrust ist mit spitzen, lappenartigen Anhängseln geziert und wie die gleichermaßen blattähnlich gestalteten vorderen Schenkelteile auffällig bunt gefärbt. Wenn das Tier kopfunter an einem Zweig hängt, dann gleicht es tatsächlich einer verführerischen großen, farbleuchtenden Blüte, die allen nektarsuchenden Insekten schon von weitem in die Augen fallen muss. Sobald sich jedoch die so arglistig Getäuschten auf dieser so vielversprechenden vermeintlichen Blüte niederlassen, schnappt die wohlvorbereitete Falle zu. Innerhalb nur eines Sekundenbruchteils schlagen die wie bei der Gottesanbeterin lauernd ausgebreiteten, furchtbaren Vorderbeinglieder, die der berühmte Entomologe J. Henry Fahre einmal treffend mit «Wolfseisen» verglichen hat, gegeneinander und umklammern das überrumpelte Opfer in tödlicher Umarmung.

Raffiniert – möchte man sagen, wenn die «Teufelsblume» überlegen und vorausplanen könnte! Doch in Wirklichkeit besitzt sie ja nicht einmal die geringste Vorstellung von ihrem eigenen Aussehen, obwohl sie sich erstaunlicherweise genau passend dazu verhält. Ersparen wir es uns, zwecklose Berechnungen über die Wahrscheinlichkeit – oder besser die grenzenlose Unwahrscheinlichkeit – einer rein zufälligen Herausbildung solch höchster, unbegreiflicher Präzision anzustellen! Auch wie die Vorfahren der «Teufelsblume» jene unendlich langen Zeiträume einer «ganz allmählichen» Entwicklung bis zum endlichen Erreichen dieser Vollkommenheit überleben konnten, die doch erst wirksam wird, wenn sie in allen Einzelheiten vorhanden ist, soll hier nicht abermals erörtert werden. Nur eines sei noch bedacht: Wenn die Gottesanbeterin offenbar recht erfolgreich mit ihren «ganz gewöhnlichen» Wolfseisen jagend überleben kann – wozu muss dann die «Teufelsblume» derart aufwendige Blumen nachahmen? Warum dieses ganze Drum und Dran der Formen und Farben, wenn es überhaupt nicht erforderlich ist zum «Überleben im Kampf ums Dasein», das doch den «ganz gewöhnlichen» Heuschrecken sehr viel besser gelingt, da die Zahl ihrer Nachkommen nun einmal unleugbar geradezu unermesslich größer ist? Wie konnte also – selbst in einer abgesonderten ökologischen Nische – ein «Selektionsdruck» ausgerechnet in diese ausgefallene Richtung herrschen?

So wäre denn also die gesamte vermeintliche Überlebensvollkommenheit der Blattheuschrecken, Gottesanbeterinnen und «Teufelsblumen», genau und kritisch betrachtet, letztlich nur ein «Luxus» der lebendigen Schöpfung, nicht nötig, um sich im «Kampf ums Dasein» als der «Tüchtigere» zu erweisen und dadurch zu behaupten. Mithin sind sie auch nicht zu erklären durch den darwinistischen deus ex machina «Selektion» – wie alle jene unzähligen, keinem bestimmten Lebenserhaltungszweck dienenden Formen und Zeichenmuster, auf die der große Adolf Portmann immer und immer wieder so eindringlich hingewiesen hat.

Die Probleme häufen sich in der Tat, nimmt man die Theorie der Selektion wirklich ernst. Auch hier kommt man ja nicht um die Frage herum, wieso denn diese kleinen Schrittchen auf dem langen, langen «Weg nach oben» bis zur idealen «Endgestalt» (W. Heitler) stets und ständig in die einzig richtige Richtung erfolgen! Sie sind ja – angeblich! – Ergebnisse reiner Zufallsmutationen, und da ist ja nun die Wahrscheinlichkeit, dass es immer wieder «Wendemanöver» gibt, genau so groß wie die einer geradlinigen Aufwärtsentwicklung. Wieso also gab es keine «Rückschritte», etwa vom Entwicklungsschritt 35 wieder zum Stadium des Schrittes 34 oder gar ganz bis zum Anfang zum allerersten «Schritt», der Nummer 1? Der Zufall «und nichts als der Zufall» versagt auch hier kläglich als Erklärung. Doch ebenso ergeht es der Selektion, die auch für die kühnste Phantasie nicht mehr anwendbar ist, wenn es um das Überschreiten des «Optimums» geht, jener Anpassungsform also, die über das Ziel des nur-Notwendigen hinausgeschossen ist und Überflüssiges hervorgebracht hat. Man erinnere sich nur an das zweite Horn der afrikanischen Nashörner, des Nasenhornes beim Triceratops oder des in der Tat «unerträglichen» Riesenhirsch-Geweihes! Und abgesehen von alledem: Immer noch gilt ja Naegelis spöttische Bemerkung über die selektionstheoretische «Erklärung», weshalb ein Baum Blätter habe: weil sie der Gärtner nicht abgepflückt hat. Nein: Selektion erklärt ebensowenig die «Zielstrebigkeit» einer Evolution wie die Zufallsmutation. Aber sie ist nun einmal nicht zu übersehen und zu leugnen. Peinlich, dass Darwins Theorie auf Gedeih und Verderb dieser «Zweckmäßigkeit» ausgeliefert ist, die als ideale Anpassung ja die Evolution vorantreiben soll – und die doch ansonsten so leidenschaftlich als «metaphysisches Element» und daher nicht «wissenschaftlich» bekämpft und abgelehnt wird. In neuerer Zeit wies Joachim Illies auf die vielen Tautologien und Zirkelschlüsse des Darwinismus hin. Die Selektionstheorie besteht überwiegend aus solchen Zirkelschlüssen: «Die Überlebenden sind die besser Angepassten (das ist eine Definition)», schreibt er, «folglich haben die besser Angepassten überlebt (das ist logisch – aber mehr nicht!)»[33]

Vielleicht sollten jene militanten Darwinianer, die alles und jedes so leichtfertig und gedankenlos nur auf «Zufall und Auslese» reduzieren möchten, doch mehr des alten Goethe Rat beherzigen und weiterhin das Erforschliche erforschen – das seinem Wesen nach für eine angeblich «exakte» Naturwissenschaft Unerforschliche hingegen «ruhig verehren»!

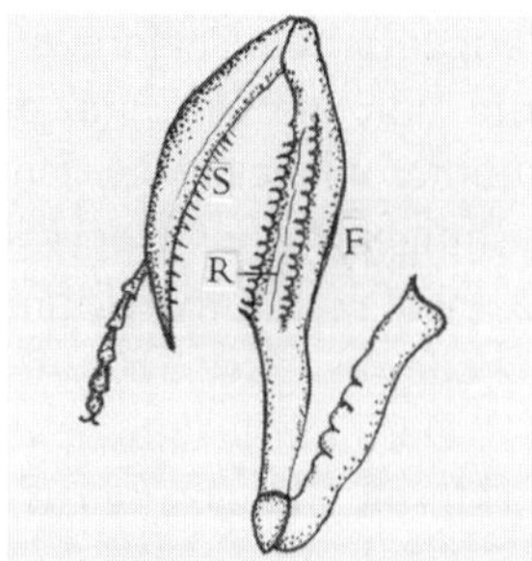

Fangbein der Mantis (Gottesanbeterin). Die mit Dornen besetzte Schneide S des Unterschenkels klappt wie die Klinge eines Taschenmessers in die Rinne R des Oberschenkels F, deren Ränder ebenfalls mit spitzen Dornen besetzt sind. Dazwischen hat keine Beute Aussicht auf ein Entkommen!

18. Gallen dürfte es gar nicht geben!

Die «Fremddienliche Zweckmäßigkeit» ist zweifellos einer der kapitalsten Stolpersteine des Darwinismus – geradezu ein «Stolperfelsen». Darwin selbst erkannte bereits die Gefahr und bekannte freimütig, seine Evolutionshypothese wäre restlos und ein für allemal widerlegt, ließe sich auch nur ein einziges Beispiel dafür aufzeigen, dass irgendein Lebewesen Eigenschaften entwickelt hat, die einem anderen zum Nutzen, ihm selbst jedoch zum Nachteil oder gar Schaden gereichen. Dergleichen, so gab der gefeierte «Kopernikus der Biologie» unumwunden zu, ließe sich nämlich logischerweise mit seiner Annahme einer «Auslese der Tüchtigsten» nie und nimmer vereinbaren. Ist doch diese Auslese, die Selektion, ein unerbittlich «egoistischer» Vorgang: Nur was der eigenen Art Vorteil bringt und sie dadurch anderen gegenüber überlebensfähiger macht, was also für sie und nur für sie allein «zweckmäßig» ist, das lässt sie weiterleben – alles andere aber merzt sie schonungslos aus. Wie also sollte sie etwas zustande bringen oder auch nur erhalten in diesem «Kampf ums Dasein», das «altruistisch» einer anderen Art, wohl gar noch einem Schmarotzer an der eigenen, Vorteile bringt?

Überraschenderweise ist der von Darwin gefürchtete Nachweis einer der eigenen Art zum Nachteil, einer anderen dafür zum Vorteil gereichenden Entwicklung bereits mehr als anderthalb Jahrhunderte vor dem Erscheinen seines Buches über die «Entstehung der Arten» erbracht worden! Es war der berühmte italienische Arzt und Naturforscher Marcello Malpighi († 1694), der Pflanzengallen gewissenhaft untersuchte und von den Schmarotzern, die er in ihnen entdeckte, schrieb, sie empfingen nicht allein ihren «täglichen Unterhalt» von den befallenen Wirtspflanzen wie gewöhnliche Schädlinge. Nein: Sie zwängen sie darüberhinaas sogar, «den an ihnen abgelegten Eiern den Uterus und sogar die nährenden Brüste zu ersetzen». Schlimmer noch, so stellte Malpighi fest: «Diese Dienstleistung der Pflanze erfolgt ... durch ihre eigene Verunstaltung!»

Hier wird also haargenau beschrieben, was Darwin selbst als Widerlegung seiner Evolutionstheorie apostrophierte: ein Lebewesen «verunstaltet» sich zugunsten eines anderen, zeigt also Eigenschaften, die sich keinesfalls durch eine «Auslese der Tüchtigsten» entwickeln konnten! Viel später erst wurde für diese verblüffende und befremdliche Tatsache die treffende Bezeichnung «Fremddienliche Zweckmäßigkeit» eingeführt. Diesen «merkwürdigen Altruismus» der Wirtspflanze, wie der bekannte Botaniker E. Küster die Gallenbildung nannte, erläuterte schon 1915 O. Forsch, indem er feststellte: «Das Wunderbare und vielfach vollkommen Rätselhafte an dieser merkwürdigen Lebensgemeinschaft besteht darin, dass die unter dem Banne des Tieres stehende Pflanze einem echten Schmarotzer auf Kosten ihrer Gesundheit Unterkunft und Körpersubstanz als Nahrung bietet».[34]

Nun, wem wären sie noch nicht aufgefallen, diese eigenartigen Wucherungen auf den Blättern zahlreicher Bäume unserer Parks und Wälder, auf denen der Eichen und Buchen ebenso wie auf den Blättern von Ulmen und Ahornbäumen? Wie spitze Hörner sehen manche aus, andere gleichen eher länglichen Zwiebeln, kugelrunden Murmeln, flachen Sonnenhüten, goldglänzenden Münzen oder gar einem zierlichen Miniatur-Pfahlbau. Schon Hippokrates, der 377 v. Chr. gestorbene größte Arzt der Antike, hatte diese seltsamen Gebilde beschrieben. Man hielt sie zu seiner Zeit noch für Früchte, denen man ganz besondere Heilkräfte zuschrieb. Ja, mittelalterlicher Aberglaube versuchte aus der Beschaffenheit dieser «Gallen» sowie aus ihrem Inhalt allerlei «Vorzeichen» für die nahe Zukunft, etwa die Fruchtbarkeit der Felder und Weinberge oder aber drohende Kriegs- und Seuchengefahr herauszulesen. Heute wissen wir, dass es sich dabei um Gewebewucherungen handelt, die von Schmarotzern ausgelöst werden – von Milben, Blattläusen, Gallwespen, Gallmücken und in selteneren Fällen auch von Schmetterlings- wie Käferlarven.

Wer zerbricht sich schon angesichts der Überfülle an unterschiedlichsten Gallenformen – man hat allein an unseren Eichen 132 Arten gezählt, auf den Buchen schmarotzen 20, auf den Ahornarten 42 und auf Ulmen 23 – seinen Kopf darüber, was sich hier Rätselhaftes abgespielt hat? Und doch handelt es sich um ein Phänomen, das der modernen Naturwissenschaft trotz all ihrer spektakulären Leistungen und Erfolge im Letzten unerklärlich bleibt.

So legen die Gallmilben ihre Eier einfach nur auf die Blattfläche der Wirtspflanze ab, und es bleibt den alsbald daraus schlüpfenden Larven selbst überlassen, den Ort ihrer Gallenbildung aufzusuchen, während die Gallwespen ihre Eier mittels eines Einstiches ihrer Legeröhre direkt in das Blattgewebe versenken. Schon bei diesem Einstich, vor allem aber auch später noch durch Absonderungen der Eier und Larven,

Münzengallen und die wie Chinesenhüte aussehenden «Schlapphutgallen» zweier verschiedener Gallinsekten auf ein und demselben Eichenblatt.

gelangen «Wirkstoffe» in das Zellgewebe des Blattes, die es zum rascheren Teilen und Wuchern veranlassen.

Aber haben wir sie da nicht doch noch gefunden, die einfache Erklärung, wie Gallen entstehen? Diese von den Schmarotzern abgesonderten Stoffe üben immerhin nachweislich auf das Pflanzengewebe Reize aus, die es zum ungestümen Wachstum bringen! Hat man nicht im Speichel gallenerzeugender Blattläuse höhere Konzentraionen bestimmter Aminosäuren und sogar eines Pflanzen-Wuchshormones entdeckt? Und führte nicht die künstliche Einspritzung dieser Stoffe, aus Rebläusen isoliert, in Wurzeln und Sprossspitzen von Weinstöcken zu erheblichen Wachstumsstörungen, die immerhin «echten» Reblausgallen – zumindest äußerlich – ähnelten, wenn es auch keine «richtigen» Gallen wurden? Na also!

Doch derart voreilig kann nur urteilen, wer Gallen lediglich recht oberflächlich betrachtet, ihren komplizierten Aufbau gar nicht kennt und übersieht, dass nicht allein ganz verschiedene Galltiere z.B. am gleichen Eichenblatt Gallen völlig unterschiedlicher Gestalt hervorbringen, sondern auch, dass die ausgeschiedenen Wuchsstoffe unspezifisch sind! Das aber bedeutet nicht mehr und nicht weniger, als dass der nämliche Wuchsstoff für gänzlich voneinander abweichende Gallenformen verantwortlich gemacht werden müsste. Ihre eigentliche und letzte Ursache kann er mithin niemals sein!

So kommt denn auch der bekannte Botaniker W. Troll zu der Feststellung, dass diese von den Schmarotzern erzeugten «Wucherstoffe» zwar für ein allgemeines Zellwachstum verantwortlich zu machen sind – mitnichten jedoch für den «formativen Erfolg», also für die jeweils so unverwechselbare, spezifische Gestalt der Galle! Es werden vielmehr, so versucht er zu erklären, «in der Pflanze schlummernde Entwicklungspotenzen geweckt, die freilich durch die Beziehungen, in denen sie zur Beherbergung und Ernährung des Insassen stehen, höchst rätselhaft anmuten». Höchst rätselhaft – nein, das ist durchaus nicht übertrieben! Denn wie sollte ein vom Schmarotzer ausgeschiedener chemischer Stoff ein geregeltes, geordnetes und streng zielgerichtetes Zellwachstum bei der befallenen Pflanze bewirken können, das zudem im «richtigen» Augenblick von selbst eingestellt wird – nämlich just dann, wenn die «Endgestalt» erreicht, die Galle also «fertig» ist? Mehr noch: Wie könnte ein chemischer Stoff, und wäre er noch so kompliziert aufgebaut, dieses Zellwachstum so lenken und die einzelnen Zellschichten der wachsenden Galle derart «umorganisieren», dass etwa die Zellwände auf ihrer Außenseite verholzen, so dass sie eine schützende, für Feinde undurchdringliche Mauer um den Schmarotzer bilden? Wie sollte das gleiche Ausscheidungsprodukt ebenso Ursache dafür sein, dass die geplagte Wirtspflanze oft sogar zusätzlich noch bittere, eben «gallenbittere» Gerbsäure in diesen äußeren Gewebeschichten erzeugt und speichert, so dass sie selbst von den hungrigsten Vögeln verschmäht und von keiner Raupe angefressen werden? Doch vergessen wir das Erstaunlichste nicht! In vielen Gallen wird im Inneren, also rund um den Schmarotzer herum, eine Art «Tapete» aus besonders zarten, reich mit hochwertigen Nährstoffen gefüllten Zellen gebildet, die wie im Schlaraffenland im gleichen Tempo wieder nachwachsen, in dem der unersättliche Schädling sie verzehrt!

Aber auch das ist ja bei weitem noch nicht alles. Wie könnte ein chemischer Stoff die letzte Ursache für die Ausbildung einer «Trennschicht» sein, wie man sie am Grund der von Buchengallmücken auf Buchenblättern hervorgerufenen «Beutelgallen» findet? An dieser «vorpräparierten» Stelle löst sich der beutelförmige Teil, der als Puppenraum dient, im Herbst ab. Was wäre dies für ein mysteriöser chemischer Stoff, der bei den Gallen der Ulmen-Blattlaus nicht nur für ihre pfahlbauartige Erhebung über die Blattfläche durch einen Stiel sorgt, sondern ebenso für ein rechtzeitiges Öffnen dieser Galle, sobald ihre Insassen alt genug sind zum Ausschwärmen, durch einen von Anfang an «vorbereiteten» seitlichen Spalt? Während sich so mancher Schmarotzer am Ende seiner Entwicklung durch die harte Wand seiner zugleich schützenden und nährenden Behausung hindurchnagen muss, wird bei einigen Gallen eine besondere «Innengalle» ausgebildet, die sich von der «Außengalle» trennt, sich aus ihr herausschiebt und zur Erde hinabfällt, wo dann das Tier überwintert.

Das schier Unglaublichste jedoch, was man diesen «Wuchshormonen» zutrauen müsste, wären sie tatsächlich die «Ursache» der Gallenbildung, stellen die «Deckelgallen» einer ausländischen Schmetterlingsart dar. Die kugelrunden «Galläpfel» bilden nämlich einen Verschluss aus, der dem eingeschliffenen Glasstöpsel einer Likörflasche gleicht: Er ist außen breiter als innen und kann daher niemals in den Innenraum der Galle, also auf den Schmarotzer rutschen, jedoch dank seiner raffinierten Form von diesem leicht herausgedrückt werden, wenn er zur Verpuppung sein Gehäuse verlassen muss. Man möge sich einmal in

Beutelgallen der Buchengallmücke Mikiola. Durch eine besondere, vorbereitete Trennschicht lösen sie sich zur rechten Zeit von ihrem Rotbuchenblatt ab.

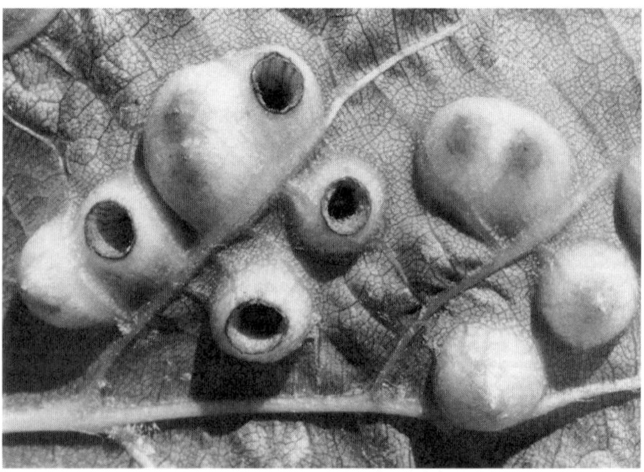

Diese Gallen haben insgesamt schon vier Innengallen entlassen – als «Schleudersitze» oder, richtiger, geschlossene «Schleuderkammern» mit der Insektenlarve im Inneren. Deutlich erkennt man an den Rillen in den «Kratern», wie beide Gallen zuvor miteinander «verzapft» waren!

aller Ruhe und Besinnlichkeit vor Augen stellen, mit welch unbegreiflicher Präzision sich hier die Zellen entlang vorgezeichneter Linien und Flächen genau im rechten Augenblick voneinander lösen, so dass ein glattwandiger «Stöpsel» entsteht, der sich nur von innen fast mühelos entfernen lässt.

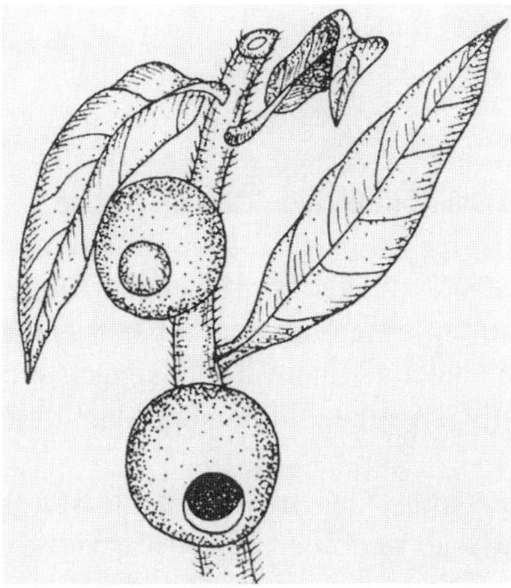

«Stöpselgallen» an der Rinde von Duvalia longifolia. Die obere ist noch geschlossen, bei der unteren wurde der Stöpsel beim Schlüpfen der Schmarotzer von innen herausgedrückt. Er passt wie ein eingeschliffener Glasstöpsel einer Likörflasche in die «vorgezeichnete» Öffnung der Galle!

Wer wäre angesichts dieser geradezu überwältigenden Zweckmäßigkeit nicht versucht, die Reaktionen jener Pflanzen, die sie in «fremddienlicher Weise», also scheinbar «altruistisch», ihren Schmarotzern zukommen lassen, mit unserer Sprache entliehenen «anthropomorphen» Begriffen zu umschreiben? Freilich: Dies darf höchstens im Sinne von Analogien geschehen – so wie ja auch Konrad Lorenz etwa vom «moralanalogen Verhalten» von Tieren spricht.

In diesem analogen Sinne also könnte man fragen, wie eine Pflanze dazu kommt, ihre Schmarotzer so zu «verwöhnen», sie derart «fürsorglich» mit Nahrung zu versehen, «vorausschauend» Sorge dafür zu tragen, dass der Schädling auch ja seine Galle rechtzeitig verlassen kann (obgleich er sich danach vermehrt und das Heer der Schmarotzer vergrößert!), die ihn durch eine «vorausschauende» Einlagerung von Holzstoff (Lignin) und Gerbsäure in ihre Außenhaut vor allen Gefahren trefflich schützte!

Selbstverständlich «weiß» die Wirtspflanze absolut nichts von ihren so «vernünftigen» Reaktionen – und den gläubigen Darwinisten bleiben eben auch hier für den Versuch einer Erklärung ihres Zustandekommens wiederum nur Zufallsmutationen und Auslese oder «Selektion». Eine derartige «fremddienliche» und «selbstschädliche» Reaktionsweise jedoch lässt sich, darüber braucht man nun kein weiteres Wort mehr zu verlieren, mit einer angeblichen «Auslese der Tüchtigsten» nicht erklären. Davon könnte man logischerweise höchstens sprechen, hätten diese Wirtspflanzen entsprechende Abwehrreaktionen entwikkelt, etwa ihre Gerbsäure in der Innenwand der Galle gebildet und den Schmarotzer dadurch abgetötet oder aber wenigstens auf die so ausgeklügelt anmutenden Öffnungsmechanismen «verzichtet», so dass die Gallenbewohner am Ausschlüpfen und damit einer weiteren Vermehrung gehindert worden wären.

Nun aber ist genau das Gegenteil der Fall! Selbstverständlich gibt sich als echter Ideologe kein überzeugter Darwinist damit zufrieden – es würde dies ja, wie Darwin zugab, das Ende seiner scheinbar alles und jedes erklärenden Selektionstheorie bedeuten! Also muss um jeden Preis, selbst um den einer Verleugnung des gesunden Menschenverstandes, ein «Ausweg» gefunden werden: Es kann eben nicht sein, was nicht sein *darf*! Aber es zeigt sich recht bald, dass beide versuchten Auswege aus dem Dilemma allenfalls Sackgassen darstellen!

Der erste versuchte Ausweg, die Behauptung nämlich, dies alles sei ja gar keine «fremddienliche», sondern eine durchaus «selbstdienliche» Zweckmäßigkeit, weil die befallene Pflanze durch die Ausbildung von Gallen ihre Schmarotzer abkapsele, wie es auch unser eigener Organismus mit bestimmten Krankheitserregern vermag, die er auf diese Weise «in Schach», also unter Kontrolle hält, ist durch die neuen Erkenntnisse längst überholt. Die Bereitstellung von besonders nährstoffreichen Geweben als Futter, die Schutzfunktion der verstärkten und mit Gerbsäure imprägnierten Außenwände der Galle, ganz zu schweigen von den «Öffnungsmechanismen» etc., sprechen eindeutig gegen die «Abkapselungstheorie». So bleibt also nur noch der zweite Versuch einer selektionistischen «Erklärung»: es sei ja überhaupt nicht die

Die wie ein kleiner Pfahlbau auf einem Stiel über der Blattoberfläche sitzende Galle der Ulmen-Blattlaus öffnet sich zur rechten Zeit an einer vorgebildeten Stelle.

Wirtspflanze, die diese Eigenschaften entwickelt habe, sondern der Schmarotzer – und dem erhöhen sie zweifellos die Überlebenschancen im «Kampf ums Dasein»!

Auch darüber sind nun eigentlich der Worte längst genug gewechselt. Wird hier doch nicht mehr und nicht weniger postuliert als die absurde Annahme, vom Schmarotzer oder, bereits während der Eiablage, von seiner Mutter ausgehende chemische Reize seien die alleinige Ursache aller sinnvollen Gewebsdifferenzierungen und nicht nur die Auslöser oder «Hervorrufer» (Evokatoren, Troll) in der Pflanze schlummernder Potenzen! Absurd übrigens gleich aus mindestens zwei Gründen. Einmal kennen wir keinerlei «gestaltbildende Stoffe» (E. Blechschmidt) und zum anderen widerspräche eine derartige Annahme eklatant dem «Satz vom zureichenden Grund», da ja hier – wieder einmal! – Gestaltqualitäten mit quantitativen chemischen Änderungen «erklärt» werden sollen.

Wie aber, wenn der Schmarotzer oder seine Mutter schon bei der Eiablage, wenn das Pflanzengewebe durch Einstiche verletzt wird, den «Genetischen Code» im Kern der Zellen manipulierte? Es wäre immerhin denkbar, dass auf diesem Wege, durch «Injektion» gewissermaßen, spezifische Ribonucleinsäuremoleküle der Gallenerzeuger in die befallenen Gewebe gelangten und, wie es J. Illies formuliert, «dort den Befehl übernehmen: Entwicklungsläufe unterdrücken, andere mobilisieren oder umdirigieren und so alles zu ihren Gunsten einrichten».[35] Eine echte «genetische Manipulation» wäre das – um Jahrmillionen bereits älter als die modernen Laborversuche, «genetische Information» von einem Organismus auf einen anderen zu übertragen! Immerhin: Möglich ist so etwas – und tatsächlich sind auch die pflanzlichen Zellkerne in unmittelbarer Nähe der gallenerzeugenden Larve auffallend vergrößert.

Aber was wird denn da eigentlich übertragen? Keineswegs etwa die Informationen für irgendeine Gestaltbildung, sondern ausschließlich solche zur Erzeugung bestimmter chemischer Substanzen, z.B. von Hormonen wie dem Insulin! Was wir bis jetzt von diesem «Genetischen Code» wissen, beschränkt sich in der Tat ausschließlich auf die Synthese, auf die Herstellung von Eiweißstoffen – also auf die «Fabrikation» der «Bausteine» des Organismus. Wie jedoch aus diesen Bausteinen das «Gebäude» wird, mit anderen Worten: Wie aus diesen Eiweißmolekülen Zellen, Gewebe, Organe von einer ganz bestimmten, spezifischen Aufgaben dienenden *Gestalt* werden – davon haben wir noch immer keine Ahnung!

Und gerade darum geht es ja nun bei der mysteriösen Gallenbildung: um das Hervorbringen äußerst zweckmäßiger – für den Schmarotzer zweckmäßiger! – Gestalten. Nein, der «Macher» ist hierbei mitnichten das Gallinsekt! So bleibt ihm auch aus molekularbiologischer Sicht lediglich eine Rolle als «Hervorrufer» durch die schon erwähnten «Evocator-Stoffe», die es absondert. Interessanterweise gibt auch ein überzeugter Darwinist, der Zoologe Fr. Schremmer unumwunden zu, es müssten auf diese Weise wohl in den Pflanzen schlummernde, gewöhnlich nicht in Erscheinung tretende gestaltbildende Fähigkeiten geweckt werden. Wie aber sollten denn derartige Fähigkeiten nach den Vorstellungen der neodarwinistischen Theorie entstanden sein können? Wie konnte es zu solchen im «Genetischen Code» einer Pflanze schlummernden Potenzen kommen, die sich doch, wie Illies treffend bemerkt, «niemals im Ausleseprozess bewähren konnten, sondern einfach nur so und für alle Fälle vorsorglich durch Tausende von Generationen mitgeschleppt werden, bis eben einmal einer kommt wie ein Dornröschenprinz und sie wachküsst? Und welcher Zufall sollte alle solche Fähigkeiten auf Vorrat bereitgestellt haben?» In der Tat «eine Vorstellung, die dem landläufigen Darwinismus frontal entgegensteht».[36]

So sind – und bleiben! – die Gallen als wahre «Stolperfelsen» des Darwinismus ein, wie es Joachim Illies so treffend formulierte, «gallenbitteres Ärgernis» für alle seine Anhänger!

19. Eine Operation widerlegt die Selektionstheorie!

Biologen schätzen sich besonders glücklich, wenn es ihnen auch einmal gelingt, irgendein Problem experimentell zu lösen. Im Gegensatz zu den «exakten» Naturwissenschaften Physik und Chemie ist das ja in der Wissenschaft vom Lebendigen, deren Gesetzmäßigkeiten sehr viel komplexerer Natur und weit weniger leicht zu analysieren sind[37] lediglich in Teilbereichen wie der Physiologie begrenzt möglich. Dort, wo vorwiegend mit den Methoden der Chemie gearbeitet wird, vermittelt ihnen das die Genugtuung, endlich einmal «wenigstens etwas vom Rätsel des Lebendigen ganz klar (zu) durchschauen».[38]

Jenes Experiment allerdings, das Gustav Wolff bereits vor Jahrzehnten durchführte, wird tunlichst verschwiegen. Kein Wunder: Liefert es doch den «exakten» Beweis dafür, dass die Selektion keineswegs jener «ordnungstiftende Faktor» (J. Huxley) sein kann, den der überzeugte Darwinist in ihr sieht, ja auf Gedeih und Verderb in ihr sehen muss!

Molche und Salamander sind – zumindest in einer Hinsicht – wirklich zu beneiden! Was gäben wir wohl nicht alles darum, wäre unser Körper auch nur annähernd so regenerationsfähig wie der dieser im System der Tiere doch so tief «unten» stehenden, primitiven Wirbeltiere! Nicht nur im Kampf mit ihresgleichen oder «Fressfeinden» verlorengegangene Schwänze kann so ein Lurch anscheinend ohne weiteres neu bilden, nein, auch ganze Gliedmaßen wachsen wieder aus den Wunden hervor, die ein Abreißen oder Abbeißen von Beinen hinterlassen hat!

Selbstverständlich lässt sich auch dieses wundersame Geschehen nach dem naiven (Grassé) neodarwinistischen Denkschema «ganz einfach» erklären – vorausgesetzt natürlich, man vermeidet es geradezu ängstlich, einmal darüber nachzudenken, was denn da nun tatsächlich geschieht. Offensichtlich nach einem minutiös vorgegebenen Plan, einer strengen «Strategie» ohne die geringste Abweichung folgend beginnen am Rande dieser klaffenden Wunde die längst ausdifferenzierten Zellen sich wieder zu teilen, als wären sie noch embryonale, jugendliche Zellen. Muskelzellen, Hautzellen, Bindegewebszellen werden ebenso neu gebildet wie Knorpel- und Knochenzellen – und jede einzelne Zellart nicht nur genau an der richtigen Stelle, sondern auch in der exakt entsprechenden Anzahl und gegenseitigen Zuordnung! Blutgefäße sprossen ein und verästeln sich zu einem alles neue Gewebe ausreichend mit Nährstoffen und Sauerstoff versorgenden Kapillarnetz. Nervenfasern schieben sich vor bis in die Spitzen der neugebildeten Zehen und ordnen sich als sensible, Reize aufnehmende Fasern den «passenden» Sinneszellen zu, während andere als motorische Fasern Bewegungsbefehle vom Zentralnervensystem an die «Ausführungsorgane», die Muskeln leitend, in deren Empfangsstellen, den «motorischen Endplatten», auslaufen.

Diese neu entstehenden Muskeln wiederum heften sich über die Gelenke hinweg so erstaunlich richtig an die verschiedenen Knochen an, dass deren geordnete, sinnvolle Bewegung gegeneinander und miteinander möglich wird. Zu guterletzt – und dies ist, wie der Physiker Walter Heitler betont, vielleicht das rein naturwissenschaftlich unverständlichste Rätsel des gesamten Geschehens – hören wie auf ein geheimes Kommando alle Zellteilungen auf. Damit endet die Neubildung von Geweben und das Wachstum der Organe genau dann, wenn die «Endgestalt» erreicht ist und die neue Extremität die Größe der verlorengegangenen besitzt.

Die übliche Darwinistische «Erklärung» dieser so erstaunlichen Fähigkeit des Salamanders ist bekannt «naiv» (P. P. Grassé): Da die jungen Molche oft und heftig miteinander kämpfen und es sich somit gar nicht vermeiden lässt, dass dabei hin und wieder auch einmal Beine abgebissen und abgerissen werden, überleben selbstverständlich nur jene Tiere, die ganz zufällig durch irgendwelche mysteriösen Mutationen – also sozusagen auch noch «planlos vorsorglich» – die Eigenschaft erworben haben, all das eben Geschilderte zu leisten. Basta!

Gewiss: Es lohnt sich eigentlich nicht, darüber auch nur ein einziges Wort zu verlieren. Dennoch überlegte sich schon in den dreißiger Jahren Gustav Wolff, ob man nicht vielleicht künstlich den so erstaunlich regenerationsfähigen Organismus eines Molches oder Salamanders in eine «Notlage» versetzen könnte, die in der Natur, in «freier Wildbahn» sozusagen, mit absoluter Sicherheit niemals vorkommt. Es müsste eine Situation sein, in die auch seine Vorfahren niemals gekommen sind, so dass, wenn er sie tatsächlich meistern sollte, diese besondere Leistung nicht einmal vom strenggläubigsten Darwinisten als Ergebnis irgendeiner «Selektion» erklärt werden könnte.

Welches Organ aber müsste er neu bilden, um, wie Wolff es nannte, eine «primäre Zweckmäßigkeit» zu demonstrieren – indem er also nicht irgendetwas in der Stammesgeschichte «Erworbenes» nur wiederholt,

Salamander regenerieren nicht nur ganze verloren gegangene Gliedmaßen, sondern auch eine herausoperierte Augenlinse.

sondern etwas wirklich völlig Neues vollbringt? Schon gegen Ende des vergangenen Jahrhunderts, als Gustav Wolff in der Heidelberger Augenklinik einer Staroperation zuschaute, kam ihm – blitzartig, wie er schildert – der Gedanke, ob es nicht möglich wäre, dass bei Tieren wie den Molchen, die ganze Gliedmaßen nach Verlust wiederbilden können, auch eine verlorene Augenlinse regeneriert wird?

Die Operation war nicht allzu schwierig. Wolff machte, nach dem Vorbild der üblichen Operation bei Grauem Star, auf der Vorderseite des Molch-Augapfels, also in der Hornhaut des betäubten Tieres, einen Einschnitt, durch den die Linse herausgedrückt wurde. Wie bei staroperierten Menschen schloss sich die Schnittwunde sofort wieder und heilte rasch zu. Dann aber geschah tatsächlich, was im operierten Menschenauge leider nicht möglich ist: Es bildete sich eine neue Linse, die am Ende dieses wundersamen Geschehens exakt mit der Größe der verlorengegangenen deren alten Platz einnahm!

Das Erstaunlichste war jedoch die Feststellung, dass diese neue, zweite Linse keineswegs den gleichen Ursprung hatte wie die erste, sondern aus einem gänzlich anderen Gewebe hervorging! Während der Entwicklung des Embryos entstehen die Teile des Auges aus zwei verschiedenen Anlagen. Der Augapfel bildet sich aus einer Ausbuchtung oder Vorwölbung des Gehirns, die sich gegen die Oberhaut schiebt und durch den dabei entstehenden Druck dieses so völlig andersartige Organ dazu veranlasst, an der betreffenden Stelle nach innen zu wuchern. Die dadurch entstandene Oberhaut-Zellenansammlung, ein zunächst noch innen hohles «Zellsäckchen» (Wolff) löst sich alsbald von seinem Ursprung ab und fügt sich in die Öffnung des «Augenbechers» ein, der durch Einstülpung der Gehirnblase inzwischen entstanden ist. Nun erst entwickelt sich das hohle Zellsäckchen durch Zellteilungen im Inneren zur massiven, später völlig durchsichtigen Linse, die der Rand des Augenbechers umgreift. Dieser Augenbecherrand bildet sich ebenfalls um: zu einer absolut lichtundurchlässigen Blende, der Regenbogenhaut oder «Iris». Muskeln (Ziliarmuskeln) halten die Linse in ihrer Lage hinter dem Sehloch (Pupille) und ermöglichen ihre Gestaltveränderung in Anpassung an die scharfe Abbildung naher (Kugelgestalt der Linse) oder aber ferner (abgeflachte Linse) Gegenstände auf der Netzhaut. Vor der Pupille in der Iris wird die Oberhaut ebenfalls durchsichtig und bildet just an der einzig richtigen Stelle die Hornhaut des Auges.

Nach der operativen Entfernung der Augenlinse beim Salamander regeneriert sich die neue Linse nicht aus der Oberhaut, bzw. der aus ihr hervorgegangenen Hornhaut, ihrem eigentlichen «Stammgewebe» also, sondern aus einem Zellgewebe, das der Gehirnblase entstammt: aus der Iris! Ausgerechnet die lichtundurchlässigsten Zellen des ganzen Körpers bilden die lichtdurchlässigsten! Am oberen Irisrand verlieren die stark pigmentierten Zellen ihre dunklen Farbstoffkörner, fangen dann an zu wuchern und schieben ein ähnliches «Zellsäckchen» genau hinter die Pupille, bis es exakt den Platz einnimmt, der von der herausoperierten Linse leer gelassen wurde. Allmählich werden auch diese Zellen völlig glasklar und stellen zuletzt eine ebenso leistungsfähige und «richtig» in das Ganze des Auges mit Ziliarmuskeln eingepasste Linse dar wie das «Original», das sie ersetzt.

Wolff hatte damit bewiesen, dass es in der Tat eine «primäre Zweckmäßigkeit» gibt, die auf gar keinen Fall das Ergebnis blinder, absolut zufälliger Mutationen und der Selektion sein kann. Ja, die Konsequenz aus seinen Forschungen ist noch viel weitreichender, als es zunächst den Anschein haben mag. Sie beinhalten ja, wie bereits gesagt, eine völlig «naturwissenschaftlich-exakte», experimentelle Widerlegung des darwinistischen Grunddogmas, dass *alle* Anpassung und jegliche Höherentwicklung nur und ausschließlich das Ergebnis von Zufallsmutationen und Auslese sein dürfen! Andernfalls wäre man nämlich gezwungen, anzunehmen, die Vorfahren unserer Molche und Salamander hätten vor Zeiten – zufällig, versteht sich! – eine Kampftechnik entwickelt, bei der sie sich gegenseitig mit ihren Krallen die Linsen aus den Augen «operierten» – möglicherweise sogar, weil sie eine Art Leckerbissen darstellten! Solch grausame Auseinandersetzungen überlebte selbstverständlich nur, wer ebenso «zufällig» in der Lage war, auf die beschriebene Art eine neue Augenlinse zu bilden. Auf eine derart abstruse Idee verfiele wohl selbst der überzeugteste Darwinist nicht! Und doch hat, in Weiterführung der Wolff'schen

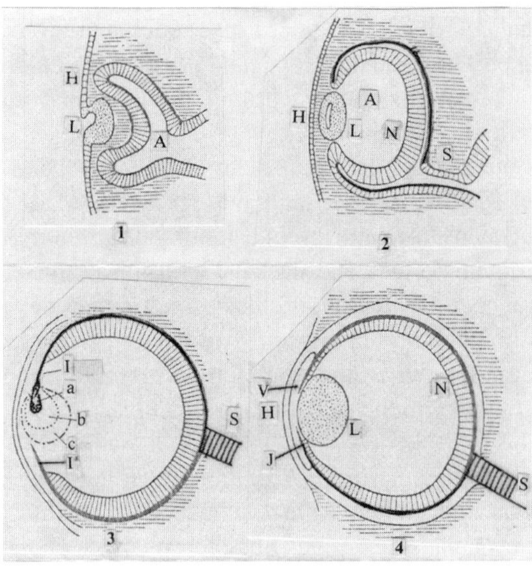

Entwicklung des Auges und Bildung der Linse nach operativer Entfernung:
1 = Die vom Gehirn vorwachsende Blase A bewirkt durch ihren Druck auf die Haut die Linsenbildung. H = Haut; L = Linse.
2 = Späteres Entwicklungsstadium. N = Netzhaut; S = Stiel des Augenbechers.
3 = Wiederbildung der entfernten Linse aus der Iris I (a-c).
4 = Auge nach der Regeneration der Linse. Vordere Augenkammer; J = Iris; S = Sehnerv.

Experimente, T. Sato dem Neodarwinismus sogar diese abenteuerliche Möglichkeit einer «Erklärung» genommen!

Um die Hornhaut und Iris nicht zu verletzen, entfernte er die Augenlinse, indem er den Augapfel des Salamanders durch die Mundhöhle von hinten öffnete. Dass jemals auf diese allein schon operationstechnisch äußerst schwierige Art und Weise irgendwelche Ursalamander sich gegenseitig ihrer Augenlinsen beraubt hätten, das nimmt wohl kein normal denkender Mensch ernstlich an. «Die dennoch eintretende Regeneration», schreibt G. Siegmund «widerlegt endgültig die darwinistische Hypothese».[39]

Möglicherweise ist das wirklich Erstaunlichste an Wolffs und Satos Forschungsergebnissen, dass sie nunmehr bereits vor einem halben Jahrhundert die Theorie des Darwinismus grundsätzlich experimentell widerlegt haben – und dass diese «Theorie der Hoffnungslosigkeit» (P. P. Grassé) noch immer als Fundament, Darwin selbst gar als der «Kopernikus» der Biologie gilt!

Aber hat nicht Gustav Wolff selbst schon festgestellt und bekannt, die darwinistische Deutung der Regenerationsfähigkeit ganz allgemein sei nur «vom psychologischen Gesichtspunkt» aus interessant, «im Hinblick auf die Tatsache, dass solche selektionistischen Gedanken überhaupt auftreten, ein halbes Jahrhundert die Wissenschaft vom Leben beherrschen und die Wahrheit unterdrücken konnten»[40]?

Nun: Sie können, ja müssen es auch heute noch – denn was bliebe auch anderes möglich, um die Theorie scheinbar wenigstens doch noch zu retten?

20. Versalzene Ursuppen

Wer den keineswegs bescheidenen Anspruch erhebt, die gesamte unerhörte Fülle an Gestalten und Leistungen lebendiger Organismen rein naturwissenschaftlich-kausal als das Ergebnis von sinnloser Zufallsmutation im Verein mit brutaler Auslese im Kampf ums Dasein erklären zu wollen, der tut sich – weiß Darwin! – recht schwer! Und dennoch ist der eigentliche, letzte Prüfstein dieser Theorie, neben dem sich die entscheidende Frage nach den treibenden Kräften einer Höherentwicklung, so schwierig und heftig umstritten sie immerhin auch sein mag, eher als zweitrangig erweist, jene andere Frage nach den ersten Anfängen, dem Ursprung alles Lebendigen auf unserer Erde!

Hier steht nun der gläubige Darwinist regelrecht unter einem Vollzugszwang. Er *muss* ja eine naturwissenschaftliche, eine ausschließlich chemisch-physikalische Erklärung für dieses Unglaubliche finden – denn andernfalls wäre ja seiner gesamten schönen und plausiblen Theorie die Basis entzogen. Aber leider: «plausibel» sind nun einmal all diese spitzfindigen Hypothesen über eine «Urzeugung» mitnichten!

Da taten sich die Naturgelehrten in früheren Jahrhunderten freilich leichter, als noch kein Mensch etwas davon ahnen konnte, wie außerordentlich kompliziert gebaut selbst der «primitivste» einzellige Organismus ist – und dass er Leistungen vollbringt, die sogar unsere modernste Technologie weit, weit in den Schatten stellen. Bereits der griechische Philosoph Aristoteles (384-322 v. Chr.) hatte beobachtet, dass faulende Stoffe geradezu wimmeln von allerlei Maden und Gewürm und daraus den Schluss gezogen, Lebewesen könnten aus solchen Substanzen ganz von selbst – also ohne Eltern – entstehen. Diese Vorstellung herrschte über das gesamte Mittelalter bis in die Neuzeit hinein. Ja, man hielt es damals tatsächlich für möglich, dass Gänse und Enten aus Seemuscheln hervorgehen und, wie Lämmer ebenfalls, Früchten gleich auf Bäumen wachsen. In zahlreichen Holzschnitten, auf Gemälden und Gobelins wurden diese seltsamen Berichte, von Reisenden aus fremden, vornehmlich südlichen Ländern mitgebracht und entsprechend phantasievoll ausgeschmückt, dargestellt!

Von dem berühmten Brüsseler Arzt van Helmont (1577-1644) ist uns sogar ein regelrechtes Rezept übermittelt, wie man künstlich, also

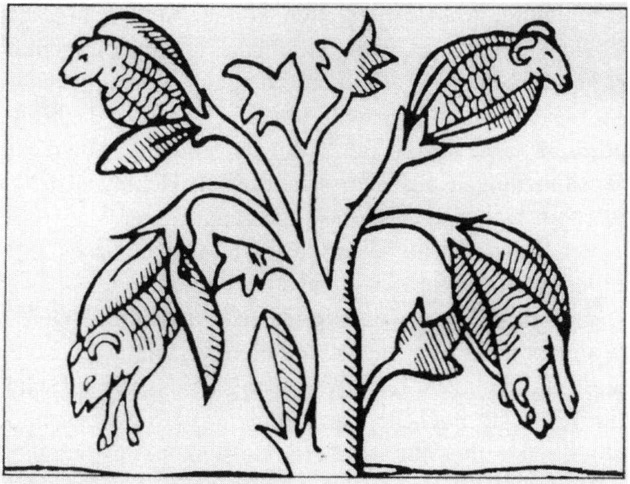

Schafbaum (mittelalterlicher Holzschnitt)

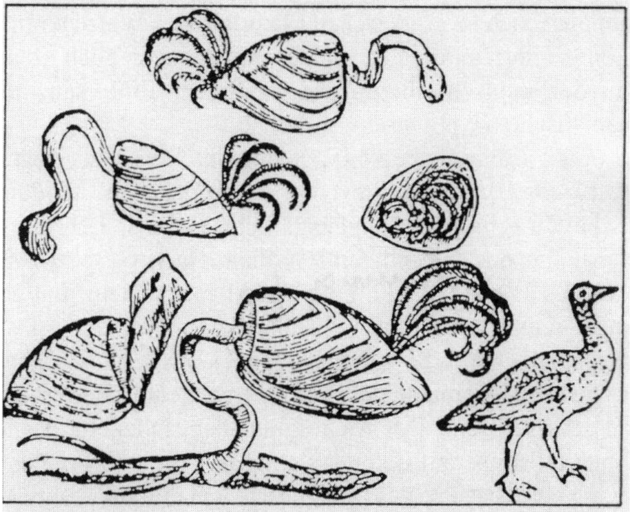

Entstehung von Gänsen und Enten aus «Entenmuscheln» (mittelalterlicher Holzschnitt)

durch Urzeugung, Mäuse herstellen könne. Man nehme sage und schreibe ein schmutziges, also möglichst lange getragenes Hemd, stecke es zusammen mit Weizenkörnern in eine Kiste, die man – offen, versteht sich! – dann 21 Tage lang ruhig in einer Ecke des Kellers oder auch Speichers stehen lässt. Durch die zeugenden Kräfte der menschlichen Ausdünstungen aus dem schmutzigen Hemd entstehen dann, davon war van Helmont felsenfest überzeugt, unter Verwendung der Substanz der Weizenkörner als «Baustoff» Mäuse. Dieses Experiment lässt sich jederzeit nachprüfen – und so nur ein einziges Mäusepaar im Hause lebt, wird es diese einmalig idealen Nistbedingungen inmitten reichlich angebotener Nahrung gewiss nicht verschmähen, sondern mit Sicherheit freudig nutzen. Kein Wunder also, dass alsbald schon junge Mäuse in der Kiste hocken! Van Helmont allerdings wunderte sich seiner Zeit doch – aber nur darüber, dass seine «künstlich erzeugten» Mäuse echten, natürlichen Mäusen so vollkommen glichen! Übrigens: seine «Urzeugung» setzt – im Gegensatz zu modernen Hypothesen – immerhin die Existenz organischen Materials, der Weizenkörner nämlich, bereits voraus, ganz zu schweigen von den angeblich «zeugenden Kräften» der menschlichen Ausdünstungen. Eine ganz und gar unmechanistische Hypothese!

Erst Louis Pasteur (1822-1895) gelang durch wohlüberlegte Experimente, für die er einen Preis der Französischen Akademie der Wissenschaften erhielt, der unumstößliche Beweis: Lebendiges entsteht immer nur aus Lebendigem! William Harvey (1578-1657), der Entdecker des Blutkreislaufs, hatte Recht mit seinem mutigen Satz «Omne vivum ex ovo!» – alles Lebendige kommt aus dem Ei, also von bereits vorhandenem Leben, niemals jedoch aus lebloser Materie!

Aber wie begann dann die Evolution? Irgendein Lebewesen muss ja das erste gewesen sein! Der Ausweg aus dem Dilemma des biologischen Materialismus, auf den der Schwede Svante Arrhenius (1908) verfiel, verlagerte das Problem nur zeitlich wie räumlich, ohne es lösen zu können. Das Leben kam, so meinte er, in Gestalt winziger Keime von weit entfernten Himmelskörpern zu uns auf die Erde sozusagen «herabgeweht» durch den Druck des Lichtes ungezählter kosmischer Sonnen. Doch wie dort die ersten lebenden Keime entstanden sein sollen, darauf wusste auch Arrhenius keine Antwort!

Das verwundert nun freilich nicht, wenn man bedenkt, dass der Biologe L. von Bertalanffy um die Mitte unseres Jahrhunderts die

Wahrscheinlichkeit einer ungeplanten, rein zufälligen Entstehung auch nur einer einzigen lebensfähigen Zelle für immer noch viel, viel geringer erklärte als die Wahrscheinlichkeit dafür, dass bei der Explosion eines Eisenwerkes Metallteile gerade so zusammenprallen, dass dabei ein Auto entsteht! Man bedenke: ein Auto mit allem, was dazugehört, vom startbereiten Motor bis zum Scheibenwischer darf nicht die geringste Kleinigkeit fehlen!

Und doch hatte von Bertalanffy dabei etwas Entscheidendes ganz vergessen: Damit der Vergleich auch vollständig wird, müsste nämlich zugleich ein Roboter entstehen aus diesen umherfliegenden Metallteilen, der wie ein denkender Mensch völlig selbständig handeln kann – und zwar genau auf dem Sitz hinter dem Steuer, mit der «Hand» am steckenden Zündschlüssel! Denn eine lebende Zelle, und sei es auch nur eine Amoebe, bewegt sich ja selbständig – und das kann nun einmal ein Auto nur mit Fahrer!

Inzwischen, eine Generation später, sind wir noch bescheidener geworden. Was Elektronenmikroskopie und Biochemie über die lebende Zelle enthüllen, lässt den Vergleich mit einem Auto, und sei es auch der hochmodernste Straßenkreuzer, viel zu primitiv erscheinen. Ch. Wickramasinghe wählt heute einen anderen Vergleich und kommt zu der Feststellung: «Die Wahrscheinlichkeit einer spontanen Entstehung des Lebens aus Materie ist gleich der Wahrscheinlichkeit einer spontanen Entstehung einer Boeing 747 durch das Rasen eines Taifuns durch einen Schrotthaufen».[41] Allerdings: Auch hier müsste noch hinzugefügt werden, dass bei diesem wahren Wunder auch ein «Autopilot» mitentstehen muss, der alle bislang existierenden an Leistung beträchtlich übertrifft, denn er soll ja völlig selbständig starten, steuern und landen können!

Nicht einmal jahrzehntelange, intensive Bemühungen zahlloser Wissenschaftler in modernsten Laboratorien, eine lebendige Zelle «künstlich» herzustellen, haben bislang zu dem geringsten Erfolg geführt. Aber selbst wenn dies – was aus bereits hinlänglich genannten Gründen äußerst unwahrscheinlich wäre – doch eines Tages gelingen würde, dann wäre damit groteskerweise gerade das Gegenteil dessen erreicht, was man ursprünglich beabsichtigte. Ganz «exakt» und experimentell wäre dann nämlich der Beweis dafür erbracht, dass Lebewesen eben *nicht* von selbst, sondern nur unter Einsatz von hoher Intelligenz, von Wissen («Know-how», wie man heute so gern sagt!), durch gezielte

Planung und unter unerhörtem technologischen Aufwand entstehen können!

Umso unverständlicher erscheint daher die Euphorie, mit der – vor allem in Schulbiologiebüchern! – jene «Ursuppenexperimente» geschildert und überbewertet werden, die mit dem bahnbrechenden Versuch Stanley Millers im Jahre 1956 begannen und inzwischen vielfach technologisch ausgebaut und verbessert wurden. Miller ahmte die mutmaßlichen chemisch-physikalischen Verhältnisse im Urmeer unserer Erde nach.

In einem Siedegefäß erhitzte er Wasser, der Dampf stieg durch ein ebenfalls erhitztes Rohr in eine Glaskugel, die ein Gemisch aus Ammoniak und Methan enthielt. Gemeinsam mit dem Wasserdampf entsprach dieses Gemisch der Zusammensetzung der Uratmosphäre unserer Erde – unter der stillschweigenden Voraussetzung allerdings, dass sich die Ergebnisse spektralanalytischer Untersuchungen anderer Planeten unseres Sonnensystems, die sich noch nicht so weit abgekühlt haben, einfach auf die Erde übertragen lassen. In die Glaskugel Millers waren Metallelektroden eingeschmolzen, zwischen denen sich in einem Bandgenerator erzeugte Funken entluden, die den Blitzen der gewitterreichen Uratmosphäre entsprechen sollten und die Energiequelle für alle chemischen Reaktionen darstellten. Von der Glaskugel führte ein zweites Verbindungsrohr wieder zurück in das Siedegefäß. Es wurde gekühlt, was dem abkühlenden Regen über dem Urmeer entsprechen sollte, und enthielt ein U-förmig gebogenes Teilstück, um alle eventuell entstandenen flüssigen bzw. gelösten Substanzen zurückzuhalten, während die gasförmigen weiter in das Siedegefäß strömen und dort ihren Kreislauf zusammen mit dem Wasserdampf erneut beginnen können.

Eine volle Woche setzte Miller anfänglich seine künstliche «Uratmosphäre» dem Funkengewitter aus, dann untersuchte er, was sich im U-Rohr angesammelt hatte. Seine Hoffnungen wurden tatsächlich nicht enttäuscht! Er fand mehrere Aminosäuren, die «Bausteine» der Eiweißstoffe also! Inzwischen wurden in derartigen «Ursuppen», wie man die Flüssigkeit des mutmaßlichen Urzeitmeeres der Erde und die ihr entsprechende Lösung im U-Rohr der Millerapparatur bezeichnenderweise nannte, von den insgesamt 20 auf unserer Erde vorkommenden Aminosäuren 14 gefunden und daneben noch eine Reihe andere organische Verbindungen wie z.B. Harnstoff, aber auch Essig-

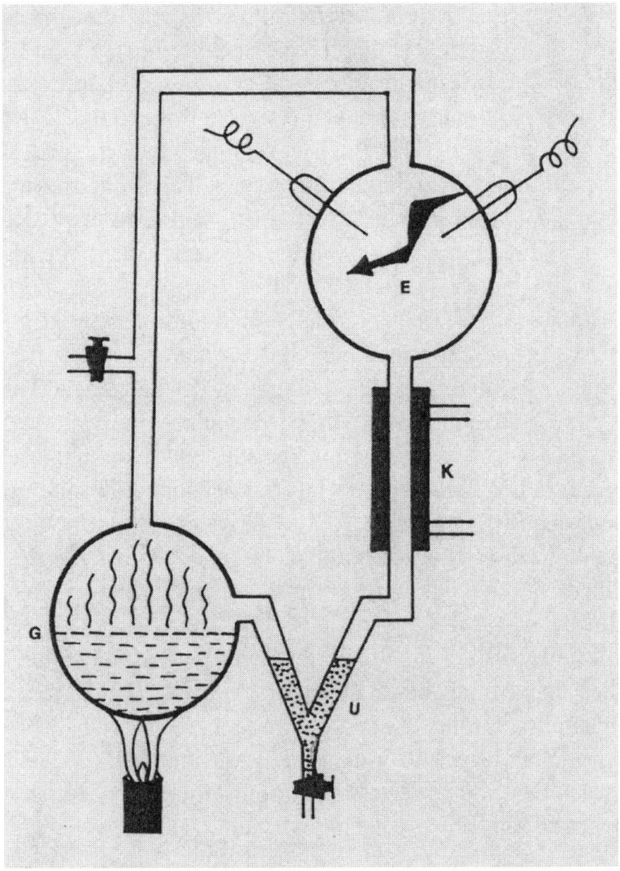

Aufbau einer Miller-Apparatur. Im Glasballon G wird Wasser erhitzt. Der Wasserdampf steigt hoch bis zum zweiten Glasballon und mischt sich dort mit Methan und Ammoniak (n. Hesse – andere Autoren erwähnen auch noch eine geringe Menge Wasserstoff). Die Energiezufuhr erfolgt durch elektrische Entladungen (E) zwischen eingeschmolzenen Elektroden. Nach Abkühlung der Reaktionsprodukte in einer Kühlzone (K) sammeln sie sich als künstliche «Ursuppe» – ein Gemisch aus 14 Aminosäuren und anderen organischen Verbindungen – im Sammelrohr U (n. Bogen, vereinfacht).

säure, Milchsäure und Bernsteinsäure, die als Zwischenprodukte des Kohlenhydratstoffwechsels der lebenden Zelle bekannt sind!

Der Jubel war, wie nicht anders zu erwarten, unbeschreiblich! Es geht also doch ohne schöpferischen Geist, so frohlockten Materialisten aller Schattierungen – Urzeugung ist rein chemisch möglich!

Doch peinlicherweise hatte man vor lauter Begeisterung völlig übersehen, dass Millers Experimente nicht nur keineswegs, der hypothetischen «Urzeugung» vergleichbar, irgendetwas Lebendiges zustandegebracht hatten, ja nicht einmal totes Eiweiß als unerlässliche Grundsubstanz aller Lebensvorgänge und nur dessen «Bausteine», sondern gerade ja «schöpferischen Geist» zur wesentlichen Voraussetzung hatten – nämlich den des dadurch in der ganzen Welt berühmt gewordenen Forschers Stanley Miller! Den allzu voreilig hurrarufenden Mechanisten war – wieder einmal! – genau jener Denkfehler unterlaufen, den schon der Philosoph Arthur Schopenhauer bespöttelte, als er den Materialismus die «Philosophie des Individuums» nannte, das vergessen habe, an sich selbst zu denken: an den Geist, der nun einmal unerlässlich ist, um – unsinnigerweise! – eben diesen Geist leugnen zu können!

Kein Wunder also, wenn die vernichtende Kritik nicht lange auf sich warten ließ. Die Aminosäuren in Millers Apparatur entstanden, wie aus längst bekannten Gründen gar nicht anders zu erwarten, stets in zwei spiegelbildlichen Molekülformen, und zwar immer im Verhältnis 1:1. Diese Moleküle ein und derselben Aminosäure gleichen also einander wie ein linker und ein rechter Handschuh. Die eine Sorte dreht die Ebene des linear polarisierten Lichtes nach links (linksdrehende oder L-Form), die andere entsprechend nach rechts (rechtsdrehende oder D-Form): sie sind «optisch aktiv» oder «chiral».

Das Körpereiweiß aller Lebewesen auf dieser Erde besteht aber ausschließlich aus langen Ketten von Aminosäuren der L-Form! Sie aus einem Gemisch zu isolieren, bedarf es recht aufwendiger technologischer Manipulationen. Wie also sollte in irgendeiner «Ursuppe» eine lokale Anhäufung nur linksdrehender Aminosäuremoleküle aus diesem Gemisch von L- und D-Molekülen erfolgt sein? Tatsächlich sind, wie wir heute wissen, manche Tonmineralien ebenfalls optisch aktiv und adsorbieren infolgedessen bevorzugt eine bestimmte optisch aktive Form. So scheint es also doch möglich, dass an einigen Stellen dieser «Ursuppe» der Urmeere, in der an geeigneten Tonmineralien kein

Mangel geherrscht haben dürfte, höhere Konzentrationen linksdrehender Aminosäuren entstanden. Daraus soll dann durch sogenannte Polykondensation, also die Vereinigung vieler Aminosäuren zu langen Kettenmolekülen, das Eiweiß entstanden sein.

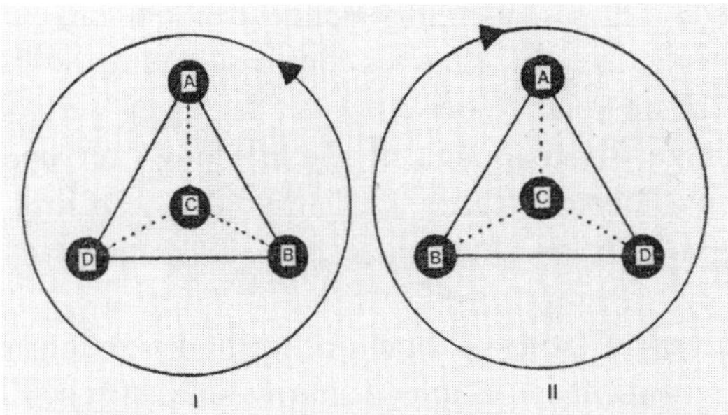

Strukturmodell zweier spiegelbildich gleicher (chiraler) Moleküle. I = Tetraeder senkrecht von oben gesehen, zweidimensinal dargestellt. A, B, C und D bezcichnen die Ecken des Tetraeders und bedeuten die vier Wertigkeiten des Kohlenstoffatoms. Das Zentrum des Basisdreiecks (räumlich: die dem Basisdreieck gegenüberliegende Ecke) bildet das Kohlenstoffatom C. Die Ebene des polarisierten Lichtes wird im Molekül I nach links gedreht (Pfeil). II = Hier wird die Ebene des polarisierten Lichtes nach rechts gedreht. B und D liegen I gegenüber vertauscht! (Nach Wilder Smith.)

Einleuchtend, zweifellos – aber dennoch leider wenig, äußerst wenig wahrscheinlich, wenn nicht gar unmöglich – und dies gleich aus drei schwerwiegenden Gründen. Einmal wären, wie der bekannte Polykondensationsforscher Bruno Vollmert feststellt «unter den für die frühe Erde anzunehmenden, vermutlich recht turbulenten geologischen und meteorologischen Gegebenheiten mit Gewittern und Sturmfluten ... alle getrennt absorbierten Stoffe nach und nach wieder ausgewaschen, worden und so letztlich wieder in der Ursuppe gelandet»[42] – zum anderen, so fordert es nun einmal unerbittlich das jedem Chemiker vertraute Massenwirkungsgesetz, stellt sich zwischen Neubildung und Zerfall bei chemischen Reaktionen nach kurzer Zeit ein Gleichgewicht ein. Das bedeutet: Es bilden sich in der gleichen Zeiteinheit ebenso viele

Moleküle neu, wie sich bereits vorhandene wieder aufspalten. Die Reaktion ist rückläufig – und da macht auch der Vorgang der Polykondensation keine Ausnahme. Will man dies im Laborversuch verhindern, muss ein Reaktionsprodukt ständig aus dem Gemisch entfernt werden, im vorliegenden Fall das Wasser. Bei jeder Verbindung zweier Aminosäuremoleküle miteinander wird nämlich genau ein Molekül Wasser freigesetzt. In einer «Ursuppe» freilich, die ja selbst eine wässrige Lösung darstellt, kann von der Entfernung dieses Reaktionswassers überhaupt keine Rede sein. Ein einseitiger Verlauf der chemischen Vorgänge in Richtung auf die Bildung von langen Kettenmolekülen, eine Polykondensation zu Eiweiß also, wäre in der «Ursuppe» unmöglich gewesen, da eine solche Reaktion gegen ein Naturgesetz verstieße!

Wie sehr bei all solchen Spekulationen der drängende Wunsch «Vater der Gedanken» ist, es müsse eine materialistische Erklärung der Entstehung des Lebens geben, weil andernfalls ja die gesamte Darwinsche Theorie ohne wissenschaftliche Basis wäre, das zeigt die Deutung jener 1996 in einem Meteoriten vom Mars entdeckten Spuren organischer Substanzen. Sie folgt reiner Willkür!

Tatsächlich entbehrt es nicht einer peinlichen Ironie, wenn die gleichen Wissenschaftler, die sich ansonsten so vehement darum bemühen, glaubhaft zu machen, es wäre im Verlauf einer sich anbahnenden Urzeugung durchaus möglich, dass solche organischen Stoffe auf rein chemischem Wege «von selbst» entstehen jetzt plötzlich den Spieß umdrehen und solche Verbindungen in einem Meteoriten im gleichen Brustton der Überzeugung als «nur von Lebewesen hervorgebracht» hinstellen. Es passt eben doch so wunderschön in die Theorie von der Urzeugung oder «Selbstorganisation der Materie», wenn es auf dem Mars Leben gegeben hätte! Man könnte das «Morgenstern-Syndrom» geradezu umformulieren: Es *muss* einfach sein, was nach der Theorie sein *soll*!

Der dritte Einwand von Seiten der Polykondensationsforschung ist jedoch nicht minder gewichtig. Jedes Aminosäuremolekül hat sozusagen zwei Arme, mit denen es die zweier anderer Moleküle fassen und festhalten kann. Es ist «bifunktionell», wie der Polykondensationschemiker sagt. Nur dadurch können sich ja viele Aminosäuremoleküle zu einer langen Polypeptidkette zusammenschließen. Auch diesen Vorgang kann man im Laboratorium ermöglichen – Voraussetzung ist allerdings, dass die dabei verwendeten Lösungen absolut «rein» sind, also keine anderen Stoffe bzw. Moleküle enthalten als nur diese bifunktionellen Aminosäuremoleküle.

Warum, das kann man sich leicht an einem entsprechenden Beispiel klarmachen. Stellen wir uns einmal diese Aminosäuremoleküle als Plastikkugeln vor mit je zwei Druckknöpfen, genauer gesagt einem vorspringenden «Knopf» auf der einen Seite und auf der gegenüberliegenden mit einer entsprechenden Einbuchtung, in die solch ein Knopf genau hineinpasst. Greift man nun derartige Kugeln (es gibt sie als Spielzeug zum Selbstherstellen beliebig langer Halsketten und Armbänder!) wahllos aus einem Gefäß heraus und steckt sie aneinander, so entsteht eine länger und länger werdende Kette.

Das geht aber nur so lange gut, als es keine «einarmigen» Kugeln zwischen den normalen gibt, die also entweder nur einen Knopf, oder aber die entsprechende Einbuchtung besitzen. Sobald nämlich eine solche «monofunktionelle» Kugel aus dem Gefäß herausgeholt und auf ein Ende der Kette gesteckt wird, ist dadurch jedes weitere Wachstum – zumindest an dieser Seite der Kette – vereitelt! Auch eine Kette aus Menschen, die sich gegenseitig an ihren Händen fassen, wächst nur so lange, bis sich am Ende ein Einarmiger anschließt, dann ist sie geschlossen. Je mehr Einarmige sich in einer entsprechenden Menschenmenge befinden, die eine lange Kette bilden möchte, umso größer ist die Wahrscheinlichkeit, dass jede angefangene Menschenkette schon nach wenigen Gliedern geschlossen ist, weil an beiden Enden Einarmige nicht in der Lage sind, weitere «Kettenglieder» festzuhalten. Sobald also eine Lösung neben bifunktionellen Aminosäuremolekülen irgendwelche monofunktionellen Moleküle enthält, wird dadurch die Entstehung langer Kettenmoleküle – im vorliegenden Falle also die von Eiweißmolekülen – gestört, ja, wenn es zahlreiche monofunktionelle Moleküle gibt, sogar völlig vereitelt. Die in Entstehung begriffenen Ketten beenden ihr «Wachstum» zwangsläufig bereits nach wenigen Gliedern.

In den «Ursuppen» liegen nun fatalerweise die Verhältnisse so, dass die Zahl der monofunktionellen Moleküle sehr viel größer ist als die der bifunktionellen. In Stanley Millers «Ursuppe» schwimmen an die viermal so viele «einarmige» Moleküle, zum Beispiel Essigsäuremoleküle, herum wie «zweiarmige»! Die mit viel technologischem Aufwand für Laborexperimente hergestellten chemisch reinen Lösungen von ausschließlich bifunktionellen Aminosäuremolekülen taugen demnach also mitnichten als «Modell» dessen, was sich angeblich

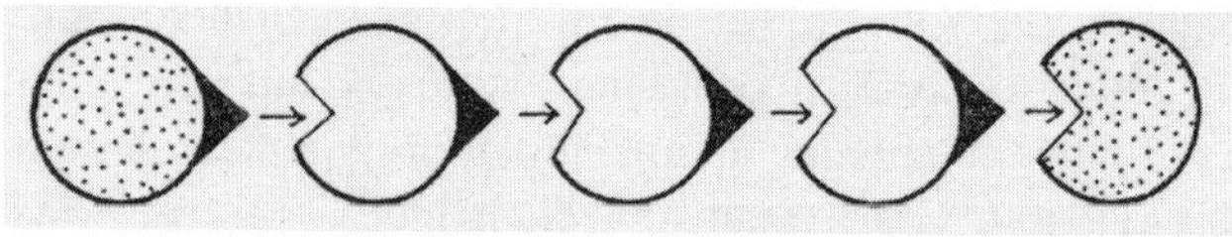

Modellhafte Darstellung «bifunktioneller» Aminosäuremoleküle (die mittleren drei), die untereinander lange Ketten bilden können, da jeweils der Vorsprung des einen Modells in die entsprechenden Einkerbung des anderen hineinpasst (Druckknopf-Prinzip). Sobald jedoch «monofunktionelle» Moleküle in der «Ursuppe» vorhanden sind – hier gepunktet dargestellt – die also entweder nur einen Vorsprung oder nur eine Einkerbung besitzen, ist die Kettenbildung beendet, wenn sie sich an den beiden Enden anlagern (nach Vollmert, verändert).

einmal vor urdenklichen Zeiten in irgendwelchen stillen (!) Urmeerbuchten abgespielt haben soll.

Noch weit schlimmer steht es jedoch um die hypothetische Entstehung jener hochpolymeren Stoffe in einer solchen «Ursuppe», die für die Eiweißsynthese in lebenden Zellen unerlässlich sind: die DNS (Desoxiribonucleinsäure) und RNS (Ribonucleinsäure). Hier entspricht das Verhältnis der bifunktionellen, zur Kettenbildung erforderlichen Moleküle zu den monofunktionellen, die Kettenentstehung blockierenden Molekülen 1:1000! Das bedeutet also, dass in unserer Modellvorstellung auf jede Plastikkugel mit zwei «Armen» tausend andere Plastikkugeln mit nur einem einzigen kommen. Dadurch wird aber jegliche Kettenbildung bereits von Anfang an unmöglich gemacht!

Diese monofunktionellen Moleküle sind sozusagen das «Salz» in den «Ursuppen», das sie als Stätten einer zufälligen, rein chemisch-physikalisch verständlichen Eiweißbildung hoffnungslos verdirbt, weil es alle anderen Bestandteile mengenmäßig weit übertrifft.

«Wenn die vielen bisher durchgeführten Versuche eines gezeigt haben», meint B. Vollmert, «dann dieses, dass Makromoleküle der uns in den Lebewesen begegnenden Art ... von selbst, das heißt durch statistische Copolykondensation nicht entstehen konnten».[43]

Wohlgemerkt: Es geht hier noch gar nicht etwa um die «zufällige» Entstehung von Lebewesen, und seien es auch die einfachsten Bakterien oder «primitivsten» Amoeben, sondern vorerst lediglich um deren noch nicht lebendige «Bausteine»! Nicht einmal deren Herkunft vermögen wir zu verstehen oder gar zu erklären – und doch liegen zwischen diesen «Bausteinen», den Eiweißstoffen, und einem sinnvoll organisierten, funktionsfähigen lebenden Organismus geradezu Welten, – etwa so wie zwischen einem zufällig durch den Wind in engen Gassen mit hohen Häusern erzeugten Heulton und einem Concerto grosso von Händel!

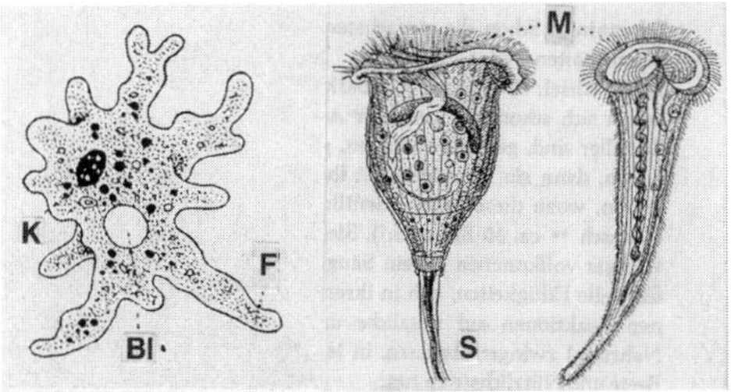

Einzeller sind keineswegs «primitiv»! Neben Glockentierchen und Trompetentierchen ist die Amoebe (links) noch am einfachsten strukturiert. Dennoch birgt ihr Kern K so viel Information, wie tausend Bände der «Enzyklopädia Britannica» (R. Dawkins). F = Scheinfüßchen; BL = Puls. Blase; M = Mundfeld; S = Stiel.

21. Vollkommenheit von Anfang an

Zumindest in einem Falle kann man im Hinblick auf Darwins Evolutionshypothese die Bezeichnung «Stolpersteine» sogar wörtlich nehmen. Handelt es sich doch tatsächlich um Steine, und zwar um die recht ansehnlichen, sorgsam zurechtgemeißelten Kalksteinblöcke, aus denen die alten Ägypter vor nunmehr viereinhalbtausend Jahren die Cheopspyramide von Gizeh errichteten. Zweieinhalb Millionen jeweils einen Kubikmeter Inhalt messende und zweieinhalb Tonnen schwere Quader türmten sie übereinander – und jeder einzelne von ihnen setzt sich wiederum aus Millionen winziger «Stolpersteinchen» des Darwinismus zusammen!

Aber so winzig, wie man es gemeinhin bei einzelligen Lebewesen erwartet, sind diese «Stolpersteinchen» überraschenderweise gar nicht. Im Gegenteil! Die seltsamen, linsenförmigen Steinscheiben, die sich in Massen bei der Verwitterung der mächtigen Kalksteinblöcke am Fuße der Pyramide anhäuften, bereiteten schon vor Jahrtausenden den ägyptischen Priestern einiges Kopfzerbrechen. Es handele sich, so erzählten sie dienstbeflissen den Römern, als diese Herren des Nillandes wurden, um «versteinerte Linsen», um achtlos weggeworfene Überreste der kargen Mahlzeiten jenes unübersehbaren Heeres von Sklaven, die Jahrzehnte an der gigantischen Pyramide bauten. Wegen ihrer Ähnlichkeit mit geprägten Münzen gaben die fremden Eroberer diesen rätselhaften «Linsen» den Namen «Nummuliten» – was ja so viel wie Kleingeld, kleine Münzen bedeutet. Und so ist denn heute noch «Nummulites» der wissenschaftliche Name jener Einzeller, die einmal in Tiefen von 50 bis 150 Metern im Meer lebten und deren Kalkschalen während langer Zeiträume in mächtigen Sedimentschichten auf dem Meeresboden abgelagert und durch ihren eigenen Druck zu festem Gestein zusammengepresst wurden.

Die meisten besitzen einen Durchmesser von etwa zweieinhalb Zentimetern, doch findet man auch wahre «Riesen» unter diesen Nummuliten, die es auf sage und schreibe 12 Zentimeter bringen! Was Wunder also, dass man bereits mit unbewaffnetem Auge überraschende Strukturen dieser fossilen Schalen im Pyramidengestein entdeckt? Sie scheinen aus einer Unzahl winziger Kämmerchen zusammengesetzt, die allesamt auf einer mathematisch exakten, ganz regelmäßig aufgerollten Spirallinie angeordnet sind. Dadurch erinnern diese Einzeller-

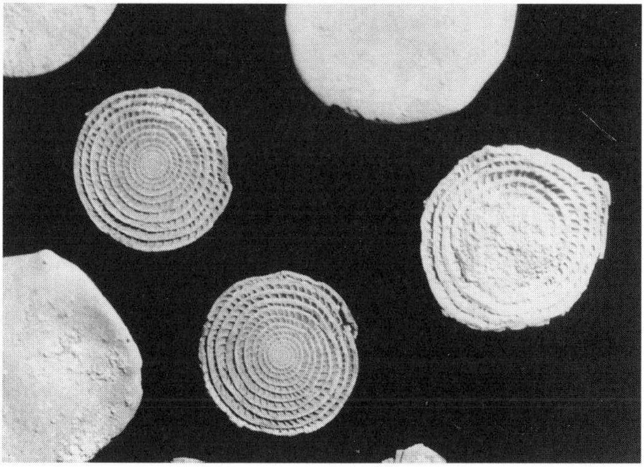

Numulites-Kalkschalen vom Fuße der Cheopspyramide. Der Anschliff lässt die Kämmerchen erkennen, die auf einer regelmäßigen Spirale angeordnet sind.

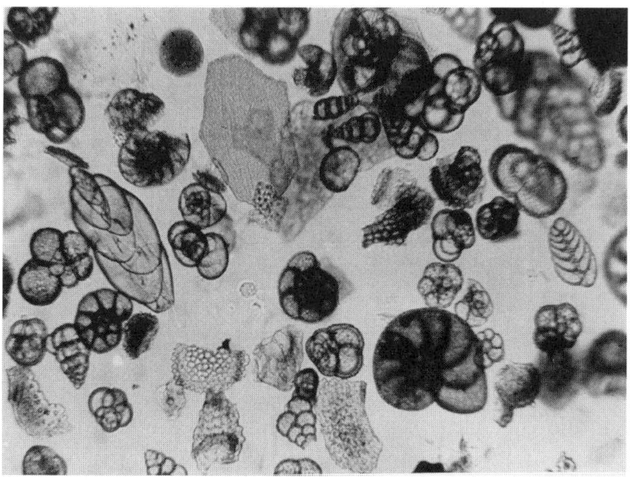

Foraminiferenschalen aus dem Meeresboden-Schlick. Man erkennt die zopfartige Textularia, die wie ein winziges Ammonshorn aussehende Rotalia und die aus mehreren Kugeln zusammengesetzte Globigerina u.a.

gehäuse an die viel größeren, ebenfalls gekammerten Kalkschalen der «Ammonshörner», die zu den recht hoch entwickelten und spezialisierten Tintenfischen gehören und deren größte einen Durchmesser von zweieinhalb Metern erreichten. Deshalb nennt man die Nummuliten und ihre Verwandten auch «Kammerlinge» und die große Gruppe, die Klasse der «Urtiere», der sie im zoologischen System angehören, auch «Foraminiferen». Das bedeutet nichts anderes als «Lochträger», denn ihre Kalkschalen besitzen mindestens eine große Öffnung wie ein Schneckenhaus, aus der die Tierchen lange Fortsätze ihres Plasmas, ihres Körpereiweißes hervorstrecken, mit deren Hilfe sie nicht nur besser im Wasser zu schweben vermögen, sondern auch wie mit einem raffiniert ausgelegten Netz ihre Nahrung einfangen und sich fortbewegen können.

Dass diese Gehäuse aus vielen einzelnen «Kämmerchen» zusammengesetzt sind, das darf man übrigens ebenfalls wörtlich nehmen. Beim allmählichen Wachstum des einzelligen Tieres wird tatsächlich eine neue, jüngere Kammer an die letzte ältere «angebaut». Dabei fließt zuerst Plasma aus der Schale und bedeckt ihren letzten, äußersten «Umgang», die periphere Spiralwindung also – und dieses Plasma sondert dann die neuen Kalkwände in den erforderlichen Dimensionen just an den richtigen Stellen ab.

Dabei ist übrigens noch ein anderer Umstand bemerkenswert und erstaunlich: Meerwasser enthält nur etwa 0,35 % gelösten Kalk! Irgendwie muss also der winzige Plasmaleib des «Kammerlings» diesen so spärlich vorhandenen Kalk aus dem umgebenden Meerwasser «herausfiltern» und anreichern, um ihn dann, wenn er sein so kompliziertes Gehäuse aufbaut, als Calzit wieder auszufällen. In nur einem einzigen Gramm Meeressand hat man überraschenderweise schon bis zu 50 000 Foraminiferengehäuse festgestellt!

Wer sich partout nicht darüber wundern kann, dass ein «Urtier», ein angeblich «primitiver» Einzeller, etwas derart Exaktes zustandebringt, der soll doch in aller Bescheidenheit einmal versuchen, solch ein Schalengebilde nachzuzeichnen – nicht mehr! Dabei wird er recht bald gewahr, dass dies keineswegs so einfach ist! Selbst ein gelernter Grafiker bringt es nicht zuwege ohne kompliziertes Zeichengerät und allerlei mühsame Messungen sowie umständliche Berechnungen! Und dabei handelt es sich ja vorerst lediglich um ein zweidimensionales Abbild! Wie außerordentlich viel schwerer wäre demgemäß die Aufgabe, ein maßstabgerechtes körperliches, dreidimensionales Abbild, ein richtiges Modell also, von diesem Gehäuse zu verfertigen! Die eine Körperzelle des «Urtieres» hingegen leistet das alles ohne Sinnesorgane, Nervensystem oder gar Gehirn einfach «nur so», während sie heranwächst. Das gesamte, fehlerfrei funktionierende «Programm» ist ihr eingegeben. Man könnte wochenlang die Pyramidensteine in Gizeh absuchen und würde dennoch keine einzige falsch konstruierte Nummulitesschale darin entdecken!

Aber von wem eigentlich «programmiert»? Nun, was bleibt denn einem überzeugten Darwinisten anderes auf diese entscheidende Frage zu antworten, als sein übliches «Glaubensbekenntnis»: selbstverständlich nur vom sinn- und ziellosen Zufall!

Tatsächlich stehen also, wie wir das ja schon am Beispiel der Amöben und noch kernlosen Bakterien sahen, bereits ganz am Anfang, sozusagen am Wurzelgrund des «Stammbaums» der Tiere mitnichten «primitive» Formen, wie es uns ihre systematische Bezeichnung «Protozoen» glauben machen soll, die zugleich «einfach gebautes» wie auch «urtümliches» Tier bedeutet. Im Gegenteil: Von den pflanzlichen Einzellern stellte der Mikrobiologe Ernst Pringsheim schon vor mehr als 20 Jahren fest, im Vergleich zu ihrer Mannigfaltigkeit an komplizierten Baustrukturen wie auch physiologischen Leistungen erschienen ihm die «höheren» Pflanzen als «geradezu monoton». Neuere elektronenmikroskopische Untersuchungen haben gezeigt, dass die Schalen der «Kammerlinge» einen unerwartet komplizierten Feinbau besitzen. Zunächst fielen die zahllosen, winzigen, nur ein Tausendstel Millimeter weiten Poren auf, von denen die Außenwände siebartig durchlöchert sind.

Jede Einzelne wird durch eine hauchdünne Plasmahaut verschlossen, die lediglich den Durchtritt der Atemgase und jener gelösten Stoffe gestattet, die der Zelleib des Tierchens aus dem Meerwasser benötigt oder aber als Ausscheidungsprodukt seines Stoffwechsels in das Wasser abgeben muss. Milliarden «Filter mit Wahlvermögen» also! Hier und da öffnen sich zwischen diesen kleinen Poren auch auffallend größere. Es handelt sich um die Mündungen von Röhren, die alle Kammern als verwirrendes Kanalsystem untereinander sowie mit dem umgebenden Meerwasser verbinden. Es dient zugleich dem Schutz, der Fortbewegung und ebenso der Ausscheidung wie dem Wachstum des Tieres, denn aus diesem Kanalsystem strömt ja das «weiterbauende»

Protoplasma nach außen. Ja, sogar für die Vermehrung des Einzellers spielt es eine ganz entscheidende Rolle! Seine feste Kalkschale kann sich ja schließlich nicht teilen, und doch pflanzen sich die Foraminiferen hauptsächlich durch Teilung ihres Zelleibes in Hunderte, ja Tausende von Tochterzellen fort. Da entleert sich denn das Gehäuse durch seine «Kanäle» verhältnismäßig rasch und der gesamte Protoplasmakörper fließt aus, was durch die eine, große Schalenöffnung sehr viel mehr Zeit in Anspruch nehmen würde, und teilt sich im Meerwasser in diese Tochterzellen, deren jede daraufhin ein neues Gehäuse bildet. Die alte, nun nicht mehr benötigte, die leere «mütterliche» Schale sinkt zum Meeresboden hinab.

Immer noch leben Nummuliten auf unserer Erde, neben zahllosen näher wie auch entfernter verwandten Arten von Foraminiferen – obwohl doch, wenn die gesamte Evolution lediglich das Ergebnis von Zufallsmutation und Selektion im «Kampf ums Dasein» wäre, längst schon keine einzige überdauernde Form mehr existieren dürfte. Wie hätte sie denn jenem angeblich zwangsläufig die Richtung zum sogenannten «höheren», zum mehrzelligen Tier hin festlegenden «Selektionsdruck» entgehen können? Gibt es doch logischerweise auch hier wieder nur zwei Möglichkeiten: Entweder ist dieser «Selektionsdruck» derart zwingend, dass er ausschließlich der «besser angepassten» Form, der «Tüchtigsten» oder «the fittest», wie Darwin selbst es formulierte, eine Überlebenschance lässt, mithin also alle anderen «niederen» Formen rücksichtslos ausmerzt – oder aber er ist es nicht, und dann kann er nach der Argumentation ausgerechnet der Darwinisten nicht die Ursache einer Höherentwicklung sein!

Zudem steht die Kompliziertheit der Formen und Mannigfaltigkeit der Funktionen dieser Protozoen – das zeigten ja ebenfalls bereits Bakterien und Amöben! – in krassem Gegensatz zu der theoretischen Forderung nach «Höherentwicklung». Schon ein schalenloser Einzeller ist unbegreiflich komplizierter konstruiert als selbst die größte moderne Fabrikanlage. Welche Fabrik könnte sich denn auch selbst aufbauen und programmiert sämtliche Arbeitsprogramme oder bildet ebenso selbständig binnen Stundenbruchteilen «Kopien» von sich, also Tochter-Fabriken, versorgt sich selbständig mit aller erforderlichen Energie, «repariert» anfallende Störungen und Beschädigungen und passt sich nicht minder selbständig veränderten Arbeits-, Leistungs- und Milieubedingungen an? Muss man sich nicht ernsthaft fragen, *wer* denn hier eigentlich der «Höhere» im Sinne von «the fittest» ist – der Einzeller oder das mehrzellige Tier mit seiner so störanfälligen Vielfalt an unterschiedlichen Geweben und Organen. Die Antwort ist in der Tat verblüffend: in jeder, aber auch wirklich jeder Hinsicht der «primitive» Einzeller!

Je extremer, je «vollkommener» ein Tier an seine spezielle Umwelt angepasst ist, umso abhängiger wird es doch von ihr, umso rascher muss es schon bei geringfügigen Änderungen der Lebensverhältnisse zugrunde gehen. So ist z.B. der Koala, der australische Bambusbär, so ausschließlich an die Ernährung mit Eukalyptusblättern angepasst, dass er völlig von dem Vorhandensein und Gedeihen dieser Bäume abhängig ist – so wie auch der chinesische Bambusbär, der Panda, von dem Gedeihen seiner Futterpflanze Bambus.

Anpassung bedeutet demnach also höhere Abhängigkeit, und Illies fragt zu Recht, wie denn ausgerechnet *sie* eine Höherentwicklung verursachen könnte, deren Kennzeichen doch gerade eine zunehmende Unabhängigkeit der Organismen von ihrer jeweiligen, speziellen Umwelt darstellt! Schließlich betrachten wir beispielsweise ein Pferd, verglichen etwa mit dem Regenwurm, als das «höhere» Lebewesen, weil es über unvergleichlich viel mehr Möglichkeiten verfügt, sich aktiv mit seiner Umwelt auseinanderzusetzen, zu agieren wie zu reagieren, Sinneseindrücke von ihr aufzunehmen, sie mit Hilfe des differenzierter organisierten Nervensystems entsprechend zu verarbeiten und zu verwerten und durch sein Verhalten wieder rückwirkend die Umwelt zu beeinflussen.

Nein: Mit «Survival of the fittest», dem Überleben des besser Angepassten und an Nachkommen reicheren, könnte man in der Tat nur «erklären», weshalb es bis heute ausschließlich «Urtiere» auf unserer Erde geben dürfte – mitnichten jedoch, wie die gesamte unerhörte Vielfalt der lebendigen Schöpfung entstand!

Grundsätzlich als «überlegen» und «tüchtiger» erweisen sich jedoch die Einzeller gegenüber allen anderen Lebewesen durch ihre «Unsterblichkeit». Wenn man einmal vom Gefressenwerden absieht, gab es ja vor dem Auftreten des ersten Mehrzellers den Tod überhaupt nicht. Wenn sich der Einzeller teilt, geht er sozusagen in seinen Nachkommen auf und es bleibt allenfalls ein leeres Gehäuse zurück, niemals jedoch eine Leiche. Was zudem die Überlebensfähigkeit bei plötzlich veränderten Milieubedingungen anbetrifft, so sind Einzeller durch die Möglichkeit, sich «einzukapseln» und Dauerformen zu bilden, die sie Trockenheit wie Kälte gleichermaßen schadlos überstehen lassen, den «höheren Lebewesen» gegenüber wiederum weitaus im Vorteil. Ihre geradezu enorme Anpassungsfähigkeit ließ sie die unterschiedlichsten «ökologischen Nischen» ertragen und erfolgreich besiedeln – vom abgestandenen Wasser in der Blumenvase bis zum arktischen Eis oder gar den heißen Quellen vulkanischer Gebiete.

Ja, was ansonsten kein Tier fertigbringt, das gelang vielen dieser Foraminiferen: Sie sind nicht auf das Fangen und Verzehren organischer Nahrung angewiesen, sondern «autotroph», also «selbsternährend» wie die grünen Pflanzen. Ihre durchscheinenden Kalkgehäuse kann man in der Tat mit unseren Treibhäusern vergleichen. Die darin eingefangenen Algen, einzellige Pflanzen, assimilieren und versorgen dadurch den Zelleib des Tieres, ihres «Wirtes», mit allen erforderlichen organischen Nährstoffen. Dafür genießen sie ihrerseits den Vorteil, vor allen Gefahren geschützt untergebracht zu sein und alle Ausgangsstoffe für ihre Photosynthese stets «frei Haus» geliefert zu bekommen!

So wäre also jeder Evolutionsschritt dieser «Protozoën» in Richtung auf Mehrzelligkeit tatsächlich ein «Rückschritt» unter Verlust vieler überlegener Fähigkeiten gewesen.

Gerade die Tatsache, dass ausgerechnet die primitivsten Organismen wie Bakterien, Blaualgen, Amöben, Foraminiferen und andere Einzeller die weitaus längste «Geschichte» haben, beweist doch, so urteilt J. Illies, dass sie sich im Verlaufe der Erdgeschichte allen vielgestaltigen Wechseln der Lebensbedingungen, selbst den einschneidendsten gegenüber als «optimal angepasst» erwiesen haben. Sie sind keineswegs etwa ausgestorben, weil höher entwickelte, also irgendwie besser angepasste Formen sie verdrängt und überlebt hätten. «Allein die Tatsache, dass es die Ausgangsformen der Evolution heute noch gibt, widerspricht also der Vorstellung einer zwangsläufigen, naturgesetzlich notwendigen Höherentwicklung durch Anpassung».[44]

22. Vergebliche Suche nach «Zwischenformen»

Eine Theorie, die alle heutigen Lebensformen sozusagen als die Knospen an den Zweigenden eines gemeinsamen Stammbaumes betrachtet, hervorgegangen aus anders gestalteten, primitiveren Ahnenformen, kann keinesfalls auf verbindende «Zwischenglieder» verzichten. An allen «Verzweigungsstellen» der hypothetischen Stammbäume oder auch nur Stammsträucher (denn, wie G. Heberer einmal zugab: Diesen theoretischen Stammbäumen fehlt leider der Baumstamm!) sind sie nun einmal unerlässliche Voraussetzungen jeder weiteren Entwicklung und Differenzierung.

Doch wo sind sie eigentlich? Darwin selbst sprach von «missing links», von den fehlenden Bindegliedern. Hat man sich früher noch damit herausreden können, solche Bindeglieder seien eben selten und die geologischen Sedimentschichten noch nicht so genau und lückenlos durchforscht, als dass man sie bislang hätte entdecken können, so gilt dies heute schon längst nicht mehr. Dass in der Tat trotz inzwischen sehr genauer Kenntnis aller Schichten und Fossilien noch nicht *eine* echte Zwischenform zwischen Tierstämmen entdeckt wurde, beweist klar und deutlich: Es gibt sie nicht! Nicht von ungefähr hatten ja gerade die Paläontologen schon immer die größten Probleme mit der Evolutionstheorie. Selbst Haeckel musste kleinlaut zugestehen: Die Fossilien stören nur in der Phylogenetik, in der hypothetischen Stammesgeschichte, sie passen nicht zur Theorie (J. Illies)! Zu Recht hat Illies aus diesem Grunde die Paläontologie als das frustrierende Unternehmen der unauffindbaren Ahnenformen bezeichnet und sprach von einer wesenhaften Unüberbrückbarkeit zwischen den verschiedenen Tierstämmen.

Diese «wesenhafte» Unüberbrückbarkeit zeigt sich am deutlichsten zwischen dem völlig isolierten Stamm der fünfstrahlig-symmetrischen Stachelhäuter (Echinodermata), der Seesterne und Seeigel und allen anderen Tierstämmen. Sind doch sämtliche anderen Tiere entweder radiär-symmetrisch, so dass man theoretisch ihren Körper durch beliebig viele Schnitte in spiegelbildliche Hälften zerlegen könnte wie z.B. Polypen und Quallen – oder aber bilateralsymmetrisch, so dass nur ein einziger Schnitt solche spiegelbildlich gleichen Hälften ergibt. Die Stachelhäuter stellen die absolute Ausnahme dar, denn ihren Körper könnte man durch fünf Schnitte in jeweils zwei spiegelbildlich gleiche

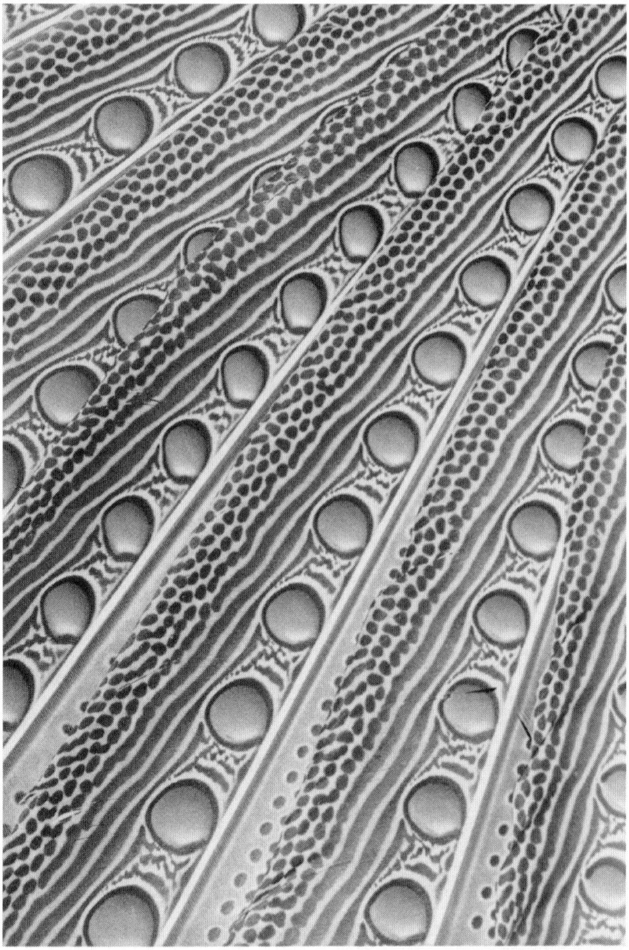

Schwanzfedern des Argusfasanen, die er bei der Balz auffächert. Zeigt er der Henne «Samenkörner»-Attrappen, um ihre Aufmerksamkeit zu wecken? Kein Maler hätte diese scheinbar hervorquellenden runden «Samen» plastischer darstellen können: Die Schattierung ist genial gelungen!

Hälften teilen! Ein allmähliches, schrittchenweises Hervorgehen dieses fünfachsigen Bauplanes aus einem radiärsymmetrischen oder bilateralsymmetrischen ist schon rein geometrisch nicht möglich. Eine «additive Typogenese» (Heberer) ist ausgeschlossen, da verbindende Zwischenstufen nicht einmal theoretisch vorstellbar wären!

Am treffendsten hat der französische Zoologe Geoffroy de Saint Hilaire († 1844) die Misere um die «missing links» mit seinem berühmt gewordenen Ausspruch gekennzeichnet: «Der erste Vogel kroch aus einem Reptilienei!»

Lange vor Darwin bezweifelte er bereits die Artkonstanz und vertrat die Hypothese, es habe im Verlauf der Erdgeschichte einen Artwandel gegeben, also eine Evolution. Als ausgezeichneter Morphologe gab er allerdings unumwunden zu, dass ein schrittweiser Übergang zwischen systematischen Kategorien wie den Klassen der Reptilien und der Vögel ganz undenkbar sei. Zwar erkannte er viele Gemeinsamkeiten, die sie miteinander verbanden, und er nahm deshalb auch an, irgendwie müssten die Vögel aus den Reptilien hervorgegangen sein. Aber die Umwandlung vom schuppentragenden Kriechtier zum gefiederten, flugfähigen Vogel konnte, wenn überhaupt, dann nur durch einen gewaltigend «Schritt» auf einmal erfolgt sein. Ein gewissermaßen erst halbfertiger und dadurch kaum überlebensfähiger Vogel – dergleichen schien ihm mit Recht unvorstellbar. So musste also wohl oder übel der erste Vogel «aus dem Reptilienei» geschlüpft sein – und zwar «fix und fertig»!

Aber schließlich gibt es da ja *das* Paradebeispiel für ein vermeintliches verbindendes Zwischenglied zwischen zwei Wirbeltierklassen, den Reptilien und Vögeln: jenen fossilen «Urvogel» Archaeopteryx aus der Jurazeit! Tatsächlich vereinen die bis jetzt aufgefundenen Skelette in sich sowohl Reptilien- als auch Vogelmerkmale. Die bezahnten Kiefer, der lange «Echsenschwanz», das Fehlen des als Flugmuskelansatz dienenden Brustbeinkammes z.B. sind ausgesprochene Reptilienmerkmale. Doch die deutlichen Federabdrücke im Solnhofener Schiefer beweisen eindeutig: Dies war bereits ein echter, warmblütiger, zumindest flatternder Vogel und durchaus kein «Zwischenstadium». An Federeinbettungen aus nur etwas jüngerer Zeit, der unteren Kreide, konnten mikroskopische Untersuchungen nachweisen: Diese Urvogelfedern zeigen genau den gleichen, hochkomplizierten Feinstaufbau wie die Federn unserer heute lebenden Vögel.[45]

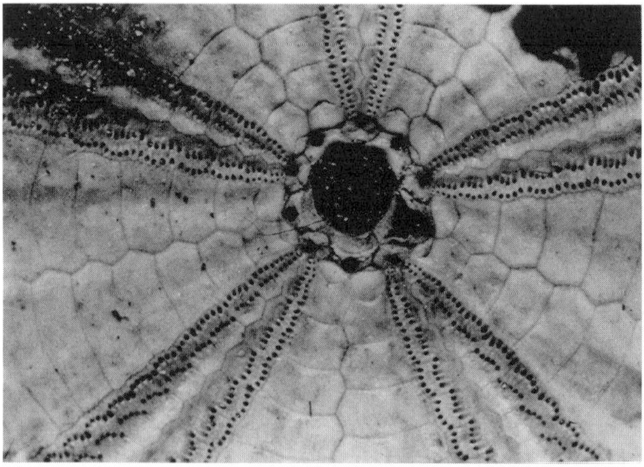

Das Skelett des Seeigels setzt sich aus sorgsam ineinander gefügten Kalkplatten zusammen. Die fünfachsige Symmetrie ist deutlich zu erkennen – besonders an den durchlöcherten Ambulacralplatten. Es gibt keine möglichen Übergänge zur bilateralen Symmetrie!

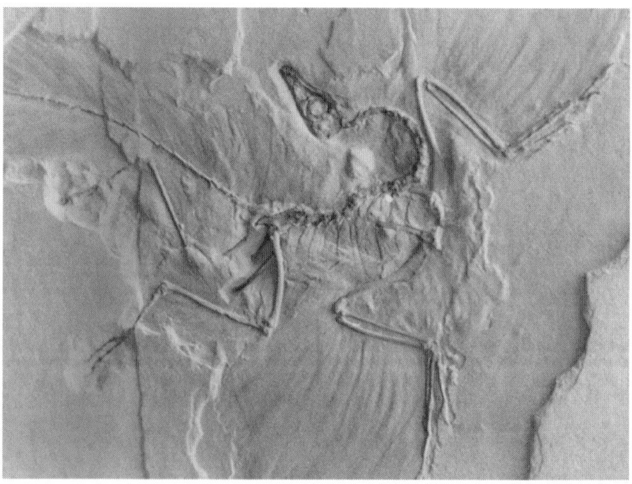

Das Skelett des Urvogels Archaeopteryx (Berliner Exemplar) aus Solnhofen zeigt sowohl Reptilien – als auch Vogel-Merkmale. Dennoch ist unbestritten, dass der Archaeopteryx bereits ein echter Vogel war!

Wie diese «kompliziertesten aller Hautgebilde» (Portmann) mit ihren exakt ineinandergreifenden Haken und Bogenstrahlen (auf einer Fahnenhälfte einer Kranichfeder hat man deren 780 000 festgestellt!) aus einfachen, ungegliederten Reptilienschuppen entstanden sein könnten, wie es immer wieder selbst in unseren Schulbiologiebüchern leichthin behauptet wird, ist schlechterdings unvorstellbar. Irgendwelche halbfertigen Zwischenformen, die noch nicht in der Lage waren, flugtaugliche Tragflächen zu bilden, wären lediglich als unnützer Ballast der

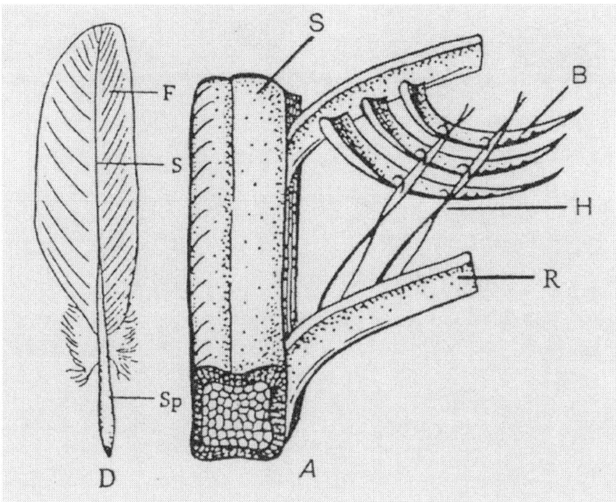

Aufbau und Feinstruktur einer Vogelfeder. D = Konturfeder; F = Federfahne mit den Ästen; S = Schaft; A = vergrößerter Ausschnitt aus der Federfahne; R = Ast (Ramus); H = Hakenstrahl; B = Bogenstrahl.

Selektion zum Opfer gefallen. Die übliche Hilfshypothese, sie hätten immerhin als Wärmeisolation einen Auslesewert besessen, trifft keinesfalls zu. Wo es nämlich bei nichtfliegenden Vögeln wie den Kiwis tatsächlich nur noch um Wärmeisolation geht, nehmen die Federn Haarform an: Das gesamte Gefieder wird strähnig. Für auf dem Erdboden zwischen Gestrüpp, Gras und Kräutern laufende Tiere wären halbfertige, sparrige Federn als Körperbedeckung äußerst hinderlich, weil sie sich überall verhaken müssten. Hier ist ein wärmeisolierendes Fell bzw. das fellähnliche Gefieder der Kiwis die weitaus bessere Lösung! Was von der Unmöglichkeit einer allmählichen Ent-

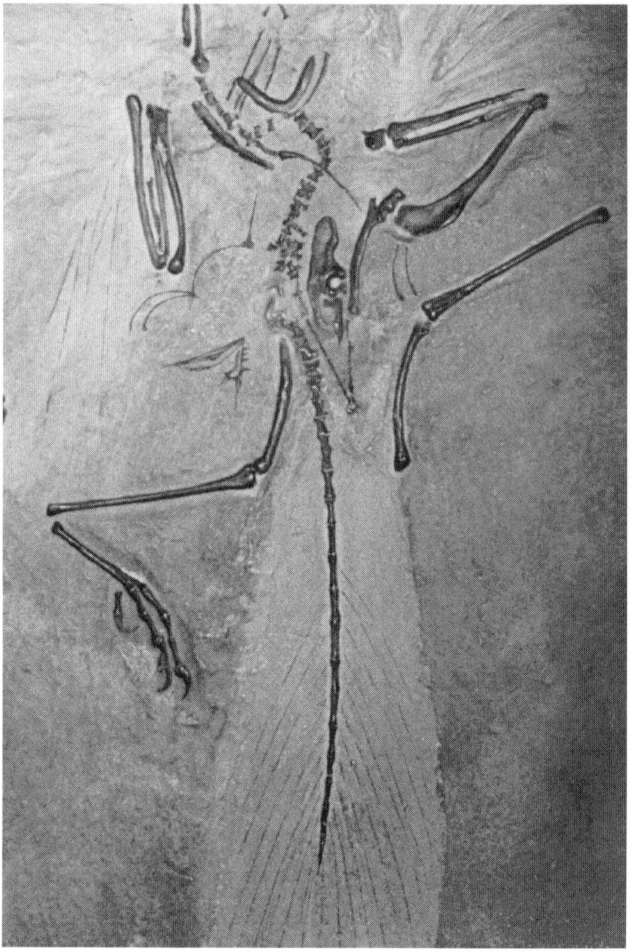

Am Londoner Exemplar des Archaeopteryx ist deutlich zu erkennen, dass der lange Schwanz dieses «Urvogels» mit Federn besetzt war. Der Archaeopteryx war ein richtiger Vogel – kein «Zwischenglied»!

wicklung von Federn aus Schuppen gilt, das trifft ebenso auch auf die anderen charakteristischen Vogelmerkmale zu. So müsste beispielsweise auch die Warmblütigkeit – eine unerlässliche Voraussetzung des energieaufwendigen aktiven Fliegens! – genau gleichzeitig mit den Federn entstanden sein. Aber bereits für sich allein betrachtet setzt sie beträchtliche Veränderungen sowohl im Kreislaufsystem des Tieres ebenso voraus wie das Vorhandensein hochsensibler Rückkopplungssysteme, die eine stets gleichbleibende Körpertemperatur regeln. Dazu muss die Lunge, einmal um den Luftsauerstoff besser nutzen zu können, zum anderen, um das Körpergewicht zu verringern, völlig umgestaltet werden! Aus der Alveolen- (Lungenbläschen-) Lunge der Reptilien musste sich die typische «Pfeifenlunge» der Vögel entwikkeln.

Diese Lungenpfeifen werden in beiden Richtungen von der Atemluft voll durchströmt und stehen in Verbindung mit Luftsäcken, die weit in die Leibeshöhle und hohlen (!) Knochen der Extremitäten hineinreichen. Auch von diesen so entscheidenden Neuerungen sind irgendwelche halbfertigen Zwischenformen, zumal voll funktionsfähige, schlicht unvorstellbar. Und das gilt auch für die in der Regel überhaupt nicht erwähnte «neue» Bewegungsweise der zu Flügeln umgestalteten Vorderextremitäten. Bei allen kriechenden oder laufenden Wirbeltieren und selbst noch beim Menschen, wenn er aufrecht geht, werden sie alternierend bewegt. Ein Vogel aber schlägt seine beiden Flügel genau gleichzeitig, synchron auf und ab! Es bedarf wirklich keiner Hervorhebung mehr, dass selbstverständlich auch hier irgendwelche «Zwischenformen» nicht denkbar sind. Mit alternierendem Flügelschlagen, sozusagen «padeelnd», käme kein Vogel auch nur einen halben Meter in die Höhe!

Die Umstellung setzt eine grundlegende Veränderung der Bewegungsmotorik durch einen völlig anderen «Automatismus», eine vom Nervensystem unter Mithilfe von Reflexen gesteuerte regelmäßige Folge von Impulsen voraus. Dies alles bedinge sich gegenseitig, und wäre auch nur eine Kleinigkeit anders bzw. noch-nicht-fertig entwickelt, könnte das Ganze nicht funktionieren, mithin auch nicht überleben. Geoffroy de Saint Hilaire wusste von den meisten dieser so komplizierten Voraussetzungen «im Hintergrund» einer mutmaßlichen Evolution vom Reptil zum Vogel noch nichts. Aber sein Wort vom ersten Vogel, der aus einem Reptilienei kroch, statt sich über viele «Zwischenformen» zu entwickeln, ist heute noch viel treffender als zu seiner Zeit. Allerdings: Das eine ist so außerordentlich unwahrscheinlich und so wenig durch «Zufall» zu erklären, wie das andere!

Was der Entdecker der menschlichen Eizelle und Begründer der Entwicklungslehre, der berühmte Zoologe Karl Ernst von Baer († 1876) einmal von den theoriengemäß zu fordernden «Zwischenformen» zwischen Fischen und Amphibien, den ersten Landwirbeltieren, sagte, das gilt, nur in jeweils anderem Zusammenhang, für alle hypothetischen «Bindeglieder». Es sei für ihn, so meinte er ironisch, überhaupt kein Problem, sich vorzustellen, wie aus mit Kiemen im Wasser atmenden Fischen ganz allmählich lungenatmende Landtiere, eben Amphibien entstanden seien. Alle Zwischenformen hätten lediglich über eine lange Reihe von Generationen hinweg, so einige Millionen Jahre also, die Luft anhalten und auf das Atmen verzichten müssen!

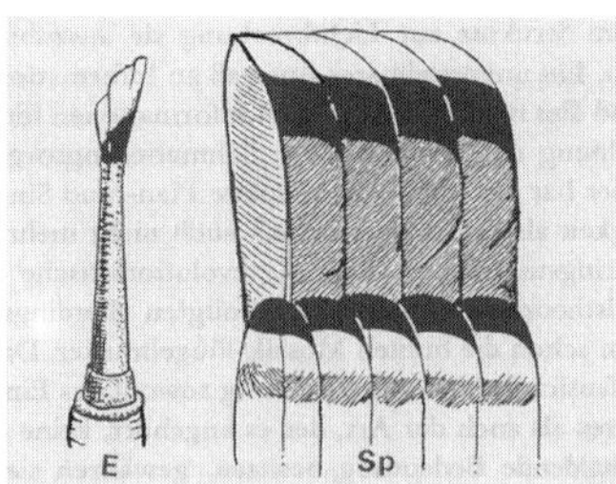

Die «Spiegelfedern» einer Ente bilden gemeinsam ein unverwechselbares Muster. Jede Feder schiebt sich beim Wachstum gerade so weit vor, wie zum Beispiel die weißen oder schwarzen bzw. farbigen Bänder einen gemeinsamen Streifen bilden. Dabei ist jede Einzelfeder nur so weit gefärbt und gemustert, wie sie sichtbar ist, also nicht von Nachbarfedern überdeckt. Die überdeckten Stellen sind einfarbig grau.
Sp = Spiegel auf dem Flügel; E = Einzelfeder, deren Spitze sich gerade aus ihrer engen Hornscheide herausschiebt. Die Färbung und Zeichnung der Feder entsteht während ihres Wachstums im eng zusammengerollten Zustand unter dieser Hornscheide – und dennoch «stimmen» am Ende die verschiedenen Federmuster im «Spiegel» exakt überein! (Nach Portmann, verändert.)

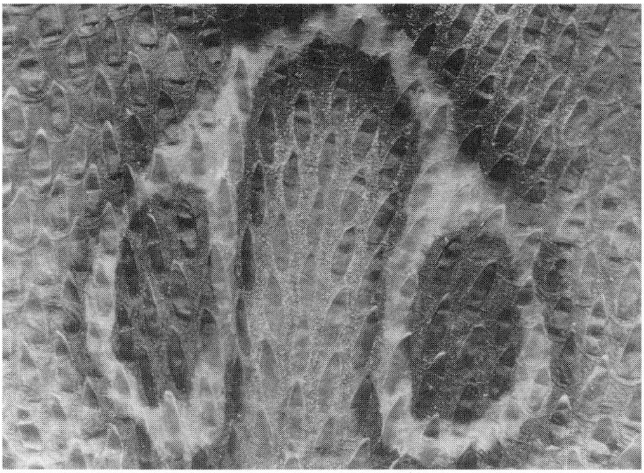

Reptilienschuppen – hier von der Brillenschlagen – sind einfache Gebilde und haben mit Federn, die angeblich aus ihnen entstanden sein sollen, lediglich den Baustoff gemeinsam: Horn.

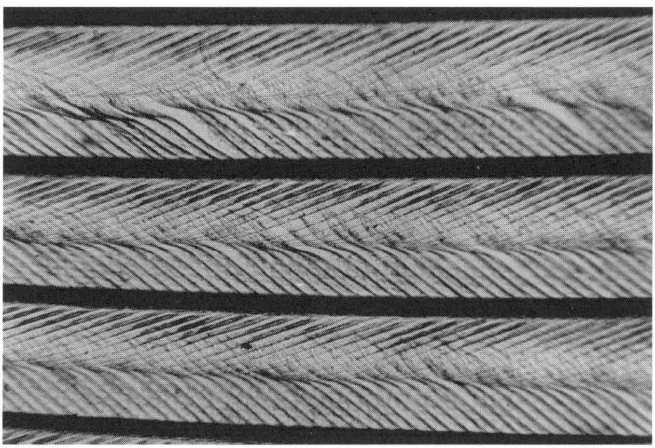

Zwischen den homogenen, einfachen Reptilienschuppen und Vogelfedern gibt es keine überleitenden «Zwischenformen». Selbst die ältesten Federfossilien zeigen schon den hochkomplizierten Feinaufbau moderner Federn. Unter dem Mikroskop wird die Gliederung in Haken- und Bogenstrahlen und ihre sinnreiche Verbindung sichtbar.

23. Warum so überaus kompliziert?

Das als Symbol der Unvergänglichkeit schon von den Römern auf Gräber gepflanzte lederblättrige Immergrün ist zwar keine Orchidee. Was jedoch den komplizierten Vorgang seiner Bestäubung, ermöglicht durch unglaublich «raffiniert» anmutende Einrichtungen anbetrifft, nimmt es das bescheidene Pflänzchen mit ihnen allen auf!

Die fünf auffällig schräg abgestutzten, blauvioletten Kronblätter der Immergrünblüte sind weiter unten zu einer langen Röhre miteinander verwachsen. Der Eingang dieser Röhre, sozusagen die «Tür», die zum süßen Nektar am Grund der Blüte führt, wird durch einen undurchdringlichen Kranz steifer, weißer Borstenhaare versperrt. Lediglich vor der Mitte eines jeden dieser fünf radförmig ausgebreiteten Kronblattzipfel bietet, deutlich durch einen «hinweisenden» helleren Streifen markiert, eine enge Rinne Zugang in die Tiefe – jedoch allenfalls für einen sehr langen und schmalen Insektenrüssel. Es sind honigfarbene Nektardrüsen, die beiderseits des kugeligen Fruchtknotens ganz tief unten den begehrten Nektar absondern. Bis dorthin muss also der suchende Rüssel eines blütenbestäubenden Insektes vordringen, weshalb ausschließlich Schmetterlinge für diesen «Liebesdienst» der seltsamen Blume in Frage kommen. Selbst der lange Rüssel einer Hummel wäre dafür noch viel zu kurz!

Der vom Fruchtknoten aufsteigende Griffel endet hier ausnahmsweise nicht in einer Narbe, sondern eben in jenem bereits erwähnten weißen Borstenhaarschopf, der mit am Verschluss des Einganges für «unerwünschte Gäste» wie etwa Ameisen oder Käfer beteiligt ist. Unter diesem Schopf erweitert sich der Griffel zu einer Art Teller mit breitem, in glänzenden Tröpfchen einen Klebstoff ausschwitzendem Rand.

Nach unten, also dem Fruchtknoten zugewandt, trägt er einen leicht gewellten «Saum»: die Narbe, die, soll es zu einer Befruchtung der Samenanlagen im Fruchtknoten kommen, auf ihrer Unterseite mit fremdem Pollen belegt werden muss! Die Staubbeutel wölben sich, auf geknieten Stielchen der Kronröhrenwand aufsitzend, über diesen «Teller» und entleeren ihren trockenen Pollen auf dessen ausladende Oberfläche. Auf die einzige belegbare Seite der eigenen Narbe könnte also kein Pollenkorn zufällig gelangen! Doch auch durch den sich in die Tiefe zum Nektar hinabtastenden Schmetterlingsrüssel ist eine solche

Ein Aurorafalter schiebt gerade seinen langen, am Ansatz gebogenen Rüssel vorsichtig in die Blütenkronröhre. Deutlich ist rechts vor dem Rüssel die schmale Rinne im Kronblatt zu sehen, die den einzigen freien Zugang markiert!

Pollenübertragung nicht möglich, denn dank seiner Trockenheit haftet der Pollen ja nicht an dieser glatten Chitinröhre.

Dies ändert sich jedoch, sobald das Insekt seinen Rüssel wieder zurückzieht und ihn dabei ein zweites Mal an dem leimabsondernden Tellerrand entlangstreichen lässt. Dabei wird er von allen Seiten derart mit Klebstoff beschmiert, dass zahlreiche der oben auf dem Teller liegenden Pollenkörner daran hängen bleiben. Unbemerkt trägt der Schmetterling, etwa ein Aurorafalter, diese fest an seinem Rüssel haftenden Pollenkörner mit zur nächsten Immergrünblüte. Erst wenn er dort nach dem Aufschlürfen des Nektars den Rüssel wieder aus der Blütenkronröhre herauszieht, schlägt der Narbensaum durch diese Bewegung nach oben um, und die mitgebrachten Pollenkörner werden von seiner Unterseite – just der einzig richtigen Stelle also! – abgestreift!

Abgesehen von der – freilich entscheidenden! – Frage, wie die hypothetischen «Vorstufen» eines derart komplizierten Mechanismus als halbfertige Entwicklungsstadien Jahrhunderttausende hätten überleben können: Wie gering wäre wohl die Chance, dass all die vielen einander gegenseitig ergänzenden Voraussetzungen dieses richtigen Funktionierens rein «zufällig» ausgerechnet so und nicht anders im «Würfelspiel der Mutationen» zusammengekommen sind? Schließlich gehören ja auch die verschiedenen Eigenschaften der bestäubenden Schmetterlinge mit zu diesen unerlässlichen Voraussetzungen – von der passenden Rüssellänge über den entsprechenden Geruchs-, Farben- und Geschmackssinn bis hin zu den Instinkten! Wenn nur eine einzige dieser Eigenschaften fehlte – etwa die «Blütenstetigkeit», worunter man die Tatsache versteht, dass ein Insekt nicht wahllos nacheinander alle Blüten anfliegt, die es wahrnimmt, sondern bei *einer* Art bleibt – wären alle anderen zur Sinnlosigkeit, mithin die Blume selbst zum Aussterben im «Kampf ums Dasein» verurteilt! Es wären so viele «Fehler» möglich – und doch ist nichts «falsch», sondern alles funktioniert wie nach einem sorgsam ausgeklügelten, äußerst klugen Plan!

Der Physiker Walter Heitler hat einmal ausgerechnet, wie äußerst gering die Wahrscheinlichkeit dafür ist, dass beispielsweise auch nur die erste Zeile des Faust-Monologes «habe nun ach, Philosophie...» beim beliebigen Nebeneinandersetzen von Buchstaben rein zufällig zustande kommt. Dabei machte er es diesem Zufall dadurch noch erheblich leichter, dass er davon ausgeht, es seien nur jene 21 Buchsta-

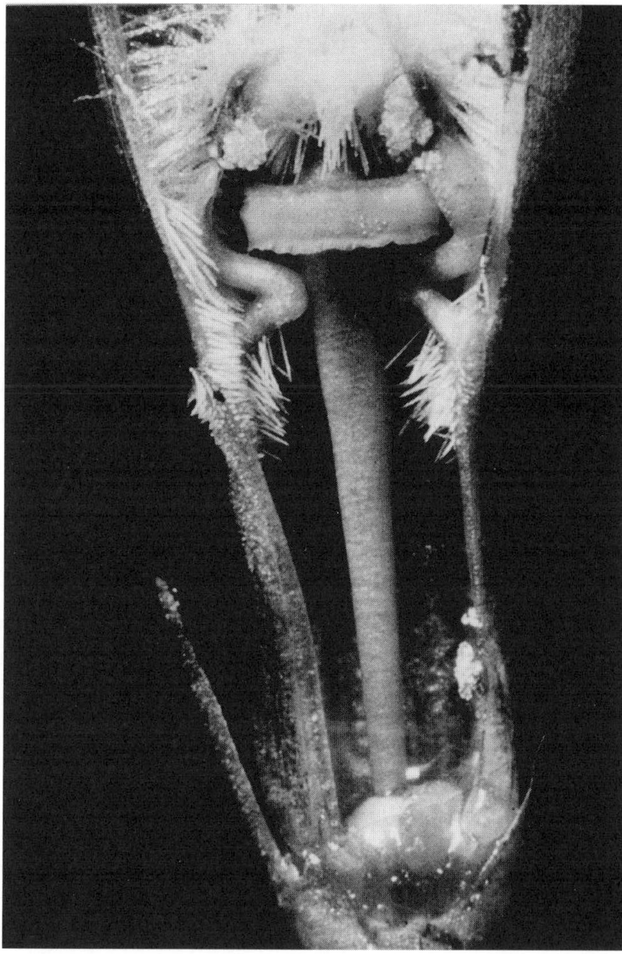

Durch einen Längsschnitt geöffnete Blüte des Immergrün. Vom kugeligen Fruchtknoten ganz unten, um den herum der glänzende Nektar abgesondert wird, steigt der allmählich dicker werdende Griffel bis zum «Teller» und einem weißen Haarbüschel darüber an. Die Narbe ist der leicht gekräuselte Rand, der untere Saum dieses Tellers, über dem Leim in glitzernden Tröpfchen abgeschieden wird. Die Stiele der Staubbeutel sind knieförmig gebogen. Der Blütenstaub wird oben auf den «Teller» abgelagert.

ben im Setzkasten vorhanden, die für diese vier Wörter benötigt werden: A, E, I, O, N und P je zweimal, viermal das H, das S, B, U, C und L je einmal. «Wir müssten» so lautet sein Ergebnis, «es mehr als zehn hoch sechzehnmal, das heißt mehr als zehntausend Billionenmal probieren, bevor wir *eine* Chance haben, die richtige Anordnung zu finden». Heitler erinnert zudem daran, dass bei uns eine Billion 1 Million mal 1 Million ist![46]

Für das «rein zufällige» Zustandekommen einer im Vergleich mit diesen vier Worten sehr viel komplizierteren Immergrünblüte gälte demnach eine noch ungleich geringere Wahrscheinlichkeit, die wir längst nicht mehr mit noch begreiflichen oder gar vorstellbaren Zahlen angeben könnten. Und vergessen wir eines nicht: mit Buchstaben, toten Gebilden, lässt sich gut immer wieder eine neue Anordnung probieren, bis es schließlich irgendwann einmal zur «richtigen» kommen wird. Beim lebendigen Organismus jedoch bedeutet bereits der erste «Fehlwurf» unausweichlich den Tod und das ganze «Spiel» ist bereits zuende, nachdem es kaum begonnen hat!

So beweist – wiederum im doppelten Wortsinne «ausgerechnet» – die exakte mathematische Analyse, wie richtig des Philosophen Hume mehr als 200 Jahre alte Behauptung ist, «Zufall» sei lediglich ein «Wort ohne Bedeutung»!

24. «Computer» am seidenen Faden

Jede ganz gewöhnliche Webspinne ist ein unvergleichliches Universalgenie – und das, ohne während ihres ganzen Lebens jemals irgendetwas lernen zu müssen! Sie ist zugleich planender Architekt und ausführender Weber, Seide synthetisierender Chemiker und diese geschickt verarbeitender Spinner, chemisches Laboratorium und die mit Abstand kunstvollste Spinnmaschine der Welt. Kurzum: ein verblüffend anpassungsfähiger, leistungsstarker und wohlprogrammierter «lebendiger Computer».

Der Nobelpreisträger-Zoologe *Karl von Frisch* hat die Gesamtheit aller Einrichtungen des Kreuzspinnenkörpers zur Herstellung ihrer Spinnseidenfäden einmal als «großartige Fabrik» bezeichnet – und das ist sie ganz ohne Zweifel! Keine von Menschen erdachte und gebaute Kunstseidenfabrik würde hier einem Vergleich auch nur annähernd standhalten. Sechs Paar Drüsen sind es, die den aufgeblähten Hinterleib des Tieres nahezu ausfüllen, und jede von ihnen erzeugt ihre ganz besondere, eigene Seide und gibt sie, je nach Bedarf, unabhängig von den anderen, an die Spinnspulen ab. Dünne Verbindungsschläuche ziehen nämlich von diesen Drüsen zu den sechs Spinnwarzen am Hinterleibsende. Sie pressen die an der Luft sofort erhärtende Seidenflüssigkeit durch ihre insgesamt über fünfhundert Öffnungen aus. Dabei handelt es sich jedoch keineswegs wie bei der Brause einer Gießkanne um einfache Löcher, sondern um winzige, dicht nebeneinanderstehende Röhrchen, eben die Spinnspulen.

Die Herstellung des jeweils richtigen Fadens ist ganz offensichtlich recht präzise programmiert. Je nachdem, ob gerade der starke, nur wenig dehnbare, dafür aber besonders trag – und reißfeste Rahmenfaden des Netzes gespannt werden soll oder aber einer der sehr viel feineren Hilfsspiralenfäden, nimmt die Spinne mehr oder weniger dieser Düsenöffnungen in Betrieb. Dabei wird der endgültige Faden jeweils aus nur wenigen oder aber sehr vielen hauchdünnen Einzelsträngen zusammengedreht – wie ein dickes Drahtseil aus unzähligen dünnen Drähten. Genau wie bei diesem wird die Dehnbarkeit und Reißfestigkeit dadurch ganz wesentlich verstärkt. Das technische Prinzip des Drahtseils hat demnach also keineswegs etwa der Mensch erfunden, sondern auch hier ist seiner geistigen Anstrengung angeblich nichts als der «blinde Zufall» längst «schöpferisch» zuvorgekommen!

Ein Spinnennetzfaden kann ein hundertstel Millimeter dick, aber ebensogut auch nur knapp ein tausendstel Millimeter dünn sein. Man müsste schon, geht man von einem Durchschnittsstärkewert aus, etwa zweihundert Netzfäden zusammendrehen, um sozusagen ein «Doppeldrahtseil» von der Dicke eines Menschenhaares zu erhalten. Und dabei überträfe dieser kaum sichtbar dünne Spinnseidenfaden an Dehnbarkeit und Belastbarkeit selbst unseren besten Stahl! Das liegt aber nicht etwa allein an der unnachahmlichen Feinstruktur des Spinnseidenfadens.

Die Radialfäden des Netzes bestehen aus zwei verschiedenen Seidentypen. Eine sehr wässerige Seide bildet einen «Wassermantel», um einen zentralen, nur einen Mikrometer (= ein Tausendstel Millimeter!) dicken Faden. Dadurch wird die Struktur des Materiales stark verändert. Tatsächlich kann dieser «nasse» Faden um mehrere hundert Prozent gedehnt werden, bis er endlich reißt. Für das erneute Zusammenziehen und Verkürzen benötigt er dann allerdings eine gewisse Zeit. Es hat sich gezeigt, dass die Wassertröpfchen wie winzige Kabeltrommeln wirken, die den Faden in einer gewissen Spannung halten und ihn im gestreckten Zustand straffen (F. Vollrath).

Eine Kreuzspinne hat sechs unterschiedliche Seidensorten mit jeweils anderen physikalischen Eigenschaften aus ihren vielen Drüsen, diesem phantastischen chemischen «Mikrokonzern» zur Verfügung. Genau der zukünftigen (!) Beanspruchung des zu verwebenden Fadens entsprechend, mischt sie wie ein approbierter Apotheker ihre Spinnsubstanz aus den verschiedenen Grundsorten zusammen und erreicht damit entweder eine größere Reißfestigkeit oder aber höhere Elastizität. Niemals kommt es dabei zu einer folgenschweren Verwechslung, etwa derart, dass ein Spiralfaden die Stelle eines haltenden, wesentlich dickeren und weniger dehnbaren Rahmenfadens einnähme oder gar ein solcher trockener Rahmenfaden die eines dünnen, klebrigen Fangfadens!

Für die Herstellung ihrer raffinierten Fangspirale verfügt die Spinne über besondere Leimdrüsen, also wiederum anders aufgebaute und arbeitende chemische Laboratorien, mit deren Sekret sie den ursprünglich trockenen Grundfaden überzieht. Das geht nun freilich nicht ohne einen ausgeklügelt erscheinenden technischen Kunstgriff. Zu Beginn ist dieser Faden nämlich rundum gleichmäßig mit einer dünnen Leimschicht überzogen, die recht schnell trocknen würde und infolgedessen jede Wirksamkeit verlöre. Wenn das unermüdliche Tier aber ein neues

Garten-Kreuzspinne inmitten ihres Netzes.

Die Kamm-Klauen am Ende ihrer Füße verhindern das Abrutschen beim Laufen übers Netz: Der Faden gelangt immer zwischen zwei «Zinken»!

Teilstück seiner Fangspirale zwischen zwei benachbarten Speichen des Radnetzes spannt, zupft es unmittelbar nach der Anheftung mit einem seiner acht Beine daran. Das straff gespannte Fadenstück gerät dadurch, wie die Saite einer Geige, sobald sie angestrichen wird, in Schwingung. In regelmäßigen Abständen voneinander bilden sich die bekannten Wellenberge und Wellentäler oder -knoten dazwischen, in denen der Leim in Tröpfchen zusammenrinnt. Tropfen jedoch, die als kugelförmige Körper im Verhältnis zu ihrem Inhalt die kleinstmögliche, wasserverdunstende Oberfläche besitzen, bleiben demgemäß entsprechend lang frisch und – in diesem speziellen Fall geradezu impertinent – klebefähig. Selbst einer starken Heuschrecke, einer großen Hornisse oder kräftigen Hummel gelingt es kaum, sich trotz verzweifelter Anstrengungen wieder von einem solchen Klebefaden zu befreien, selbst wenn er auch nur mit einem Flügel in Berührung gekommen ist.

Die Kreuzspinne arbeitet in der Tat äußerst präzise nach einem, wie sich jederzeit leicht nachprüfen lässt, bis ins Letzte ausgetüftelten Plan. Schritt für Schritt geht sie beim Fangnetzbau ihren ganz zweifellos vorgeschriebenen Weg und weicht nicht davon ab, wie oft sich auch diese mühsame Tätigkeit im Laufe ihres mehrjährigen Lebens an verschiedenen Orten und unter immer wieder anderen Voraussetzungen wiederholen mag.

Da ihr Netz frei hängen soll, muss die Spinne von irgendeiner Warte aus, einem Ast oder Baumstumpf etwa, eine erste Fadenbrücke zu irgendeinem geeigneten anderen Ankerpunkt ziehen. Um den zu erreichen, wendet sie eine erstaunlich intelligent anmutende Methode an. Sie reckt ihren prallen Hinterleib hoch in die Luft, spreizt dabei ihre sechs Spinnwarzen etwas auseinander und sondert durch die Spinnspulen Seidenflüssigkeit ab. Dadurch entsteht ein lockeres Fadenbüschel, das wie ein Segel schon von der geringsten Luftströmung erfasst wird. Sofort legt das Tier jetzt seine Spinnwarzen wieder eng zusammen, dabei immer noch weitere Seidenflüssigkeit ausstoßend, so dass nun ein normaler, aus vielen Einzelsträngen zusammengedrillter Faden entsteht. Das Segel zieht ihn hinter sich her, berührt irgendwo ein Ästchen oder dergleichen als Unterlage, haftet daran fest, und nachdem die Spinne das andere Fadenende auf ihrem Sitzplatz entsprechend vertäut hat, ist die Brücke fertig. Sollte das Experiment übrigens beim ersten Versuch nicht glücken, der Faden vielleicht an einem allzu nahen Ast festhaften oder sich verwirren, so wickelt ihn die Spinne wieder auf und versucht es ein zweites Mal – auf jeden Fall aber so lange, bis alles nach Wunsch klappt.

Ist es endlich so weit, klettert das Tier aber nicht etwa einfach hinüber ans andere Ende! Nein: Es beißt den eben erst noch straff gespannten Faden durch, hält jedoch, damit das begonnene Werk nicht sofort wieder zuschanden werde, beide Enden, das kurze wie das so viel längere, mit Vorder- und Hinterbeinen sorgsam fest. Dann läuft die Spinne los. Ihr Körper stellt als Schwebebrücke den verbindenden Teil zwischen den Fadenenden dar, während sie den Faden vor sich aufhaspelt und gleichzeitig hinter sich mehr neuen Faden ausschießt, als sie vorn aufholt. Infolgedessen muss die ganze Brücke, da ja nun der neue Faden länger wird, in ihrer Mitte, wo das Tier schließlich beide Enden wieder zusammenheftet, nach unten durchsacken. Just von dieser Stelle nun seilt die Spinne sich bis auf den Erdboden ab, läuft dort angekommen ein kurzes Stück quer zur Fadenbrücken-Richtung und befestigt dann ihren Abseilfaden entweder an einem Grashalm oder am Boden selbst. Damit hat das zukünftige Netz bereits drei Speichen, die zusammen ein Ypsilon bilden. Es wird durch den kurzen Lauf der Spinne und seine Verankerung am Boden nicht senkrecht unter seinem Mittelpunkt, sondern später, wenn es fertig ist, schräg hängen – was für das Tier später unter Umständen von lebensrettender Bedeutung sein kann! Beim Verfertigen ihrer Klebespirale liefe die Kreuzspinne ständig Gefahr, sich beim geringsten Ausrutscher im eigenen Netz selbst zu fangen – hätte sie eben nicht schon ganz von Anfang an dafür gesorgt, dass es leicht schräg ist!

Da sie sich – vorsichtigerweise, möchte man sagen – stets nur auf der Netzunterseite bewegt, kann sie schlimmstenfalls abstürzen und ins Leere fallen. Das aber fügt ihr keinen Schaden zu, da sie immer an einem Sicherungsfaden hängt!

Ganz nebenbei sei übrigens noch vermerkt, dass solch ein durchschnittliches Radnetz über eintausend Faden-Verbindungsstellen aufweist, aus insgesamt rund zwanzig Metern Seidenfaden gewoben ist und trotz seiner außergewöhnlichen Belastungsfähigkeit nur ein Gesamtgewicht von weniger als einem halben tausendstel Gramm erreicht!

Verständlich, dass hier jedem ernsthaften Vergleich mit den entsprechenden Leistungen unserer Technik völlig der Boden entzogen ist. Dieses angebliche Produkt einer ziel- und planlosen Zufallsevolution übertrifft das unserem Intellekt, all unserer Wissenschaft und modernen Technik Mögliche in jeder Hinsicht! Spinnen sind nicht nur die besseren Chemiker – um das zu begreifen, braucht man ja nur einen ihrer Netzfäden mit einem unserer groben Kunstseide- oder Nylonfäden zu vergleichen! – sondern auch die weit überlegenen Präzisions-Feinmechaniker.

Immerhin könnte man dennoch einmal den Versuch wagen, sich wenigstens annähernd vorzustellen, welche Probleme auf ein Team ausgesuchter, hervorragender Physiker, Chemiker, Biologen, Mathematiker, Informatiker, Computerfachleute und Techniker zukämen, denen die Aufgabe gestellt wäre, nach dem Vorbild einer gewöhnlichen Kreuzspinne einen Computer zu konstruieren und zu programmieren, der imstande ist, ein vergleichbares Netz zu verfertigen. Diese schlechthin vollkommene Spinn- und Webmaschine müsste gleich eine ganze Reihe hervorragend ausgestatteter Chemie-Laboratorien enthalten, in denen gleichzeitig nebeneinander viele komplizierte Syntheseprozesse ablaufen, deren Ergebnisse, unterschiedliche Seiden- und Leimsubstanzen, computergesteuert integriert werden könnten. Genaugenommen dürften übrigens alle für die verschiedenen chemischen Synthesen erforderlichen Ausgangsstoffe nur von toten Insekten stammen, denn aus nichts anderem als ihrer Fliegen-, Käfer-, Mücken- oder Heuschreckennahrung stellt ja auch die lebende Spinne ihre Seiden- und Leimstoffe her!

Doch wir wollen mit unserem abenteuerlichen Gedankenexperiment bescheiden sein und den geforderten Wissenschaftlern wie Technikern nicht allzuviel auf einmal zumuten. Beschränken wir uns deshalb unter allen Tätigkeiten des Vorbildes, also der lebendigen Kreuzspinne, lediglich auf den Netzbau. Mehr braucht der künstliche, der technische Spinnen-Computer gar nicht zu leisten!

Aber auch dies allein wird schon recht bald ein unübersehbares, komplexes und geradezu unendlich verwirrendes Problem. Niemand weiß bei Beginn dieser wahren Sisyphusarbeit, wieviel Sensoren, also den verschiedenen Sinnesorganen unserer Kreuzspinne entsprechende, die Umweltverhältnisse und ihre Veränderungen ebenso wie die darauf abgestimmten Reaktionen des eigenen Körpers registrierende Apparaturen erforderlich sein würden und an welchen Stellen des Computers eingebaut sie ihre Aufgaben am zweckmäßigsten erfüllen könnten. Von der Forderung einer auch nur annähernd vergleichbaren

Leistungshöhe sehen wir lieber ganz ab, weil sie schlicht unerfüllbar wäre. Immerhin registrieren die Erschütterungs-Sensoren eines unseren Spinnen nahe verwandten Skorpions noch Schwingungen des Untergrundes, deren Amplitude, also Schwingungsweite, lediglich den zehnmillionsten Teil eines Millimeters beträgt! Wie müssten zudem diese Sensoren mit der Zentrale, dem einem Spinnengehirn vergleichbaren Rechner, verbunden sein, der ihre Daten koordiniert, die Eingaben ihrer jeweiligen Meldungen, seien es nun optische Reize, chemische – oder Berührungsreize, Wahrnehmungen von Erschütterungen oder Energiemangel, der im technischen Abbild dem Hunger seines Vorbildes entspräche?

Wie müsste er beschaffen sein, dieser Computer im Computer, damit er alle Eingaben sinnvoll miteinander und untereinander verrechnen kann, so dass die Ergebnisse seiner Integrationsprozesse als «Ausgaben» situationsgerechte Befehle an die verschiedenen Steuerorgane vermitteln? Wo müssten die so informierten Elektromotoren sitzen, damit exakt den Situationserfordernissen gemäße Bewegungen der künstlichen Glieder ausgelöst werden? Wie und wodurch würden ihre jeweiligen «Sollwerte» eingestellt, registriert und über Rückkopplungssysteme geregelt, um z.B. auch nur Übersteuerungen zu vermeiden? Wie können diese unzähligen Einzelreaktionen in jedem Augenblick von der übergeordneten Zentrale so koordiniert werden, dass die Aktivität einer jeden in der einzig richtigen, also dem Gesamtgeschehen dienlichen Weise durch die Reaktionen aller anderen beeinflusst wird?

Man braucht sich doch schließlich nur einmal zu vergegenwärtigen, was alles geradezu blitzschnell an wohlgesteuerten Gegenreaktionen erforderlich wird, wenn eine Kreuzspinne beim Ziehen ihres Hilfsspiralfadens ausrutscht! Sofort muss ihr gesamtes Verhalten koordiniert umgesteuert werden, hat es sich der völlig neuen Situation gemäß grundlegend zu ändern.

Beim technischen Computer müsste also auch dieser Fall – im doppelten Sinne! – vorausberechnet und einkalkuliert werden. Die Zahl sämtlicher erforderlicher Rückkopplungs-, der feed-back-Systeme, vergleichbar den Reflexbögen unserer Kreuzspinne, ginge nahezu gegen unendlich, wollte man in der Tat alle überhaupt denkbaren (und wie viele wären das wohl?) Bewegungen des Tieres sowie seine in Unfallsituationen unterschiedlichster Art erforderlichen Reaktionen auch dem technischen Computer ermöglichen.

Lassen wir's genug sein! Bereits dieser immer noch verhältnismäßig geringe Anteil am «Gesamtereignis Kreuzspinnenleben» wäre uns, schon rein technisch betrachtet, unnachahmbar. Vollends, wenn sämtliche Voraussetzungen des Aufbaus in einem den «lebenden Computer» Spinne simulierenden, technischen Computer berücksichtigt werden, zeigt sich das ganze Ausmaß der Ohnmacht all unserer Wissenschaft und Technik gegenüber einem angeblichen Produkt einer sinnfrei-ziellosen Zufallsevolution.

Müsste doch, soll dieser Vergleich auch wirklich zutreffen, sich dieser technische Computer auch selbständig mit der erforderlichen Betriebsenergie aus der Umwelt versorgen, wie es nun einmal problemlos jede Spinne durch Jagd und Nahrungsaufnahme tut. Er müsste sich verteidigen können – unter Einsatz eines selbständig synthetisierten, außerordentlich wirksamen, lähmenden Giftes und eigens dafür konstruierter Hochleistungs-Injektionsmechanismen. Schließlich – und dies dürfte unter allen Leistungen der Kreuzspinne die erstaunlichste sein – müsste unser technischer Computer sich selbst reproduzieren können. Nicht etwa dadurch, dass er aus vorgegebenen Bauteilen einen ihm bis ins letzte Detail gleichenden Computer zusammensetzt, sondern indem er Computerkeime hervorbringt, die, vergleichbar den Eiern unserer Kreuzspinne, keine einzige all der zahllosen späteren Differenzierungen erkennen lassen und sie dennoch alle selbst voll funktionsfähig ausdifferenziert, in der rechten Reihenfolge und richtigen gegenseitigen Zuordnung. Eine zusätzliche, ebenso grundsätzlich unlösbare Aufgabe bestünde darin, dass dieser technische Spinnen-Computer, soll der Vergleich absolut ehrlich sein, nicht um einen Millimeter größer sein dürfte als eine gewöhnliche Kreuzspinne.

Bei alledem ist das Entscheidendste bislang überhaupt noch nicht berücksichtigt: Dieser technische Computer müsste ja auch programmiert werden!

Was damit allerdings auf unser Experten-Team zukäme, ist schon so gut wie unvorstellbar, ja so undenkbar, dass es wohl kaum jemals in die Tat umzusetzen sein dürfte. Und dies, obwohl es ja gar nicht eigens original ausgeklügelt werden müsste, sondern nur im nachhinein zu erstellen wäre, dem längst im Spinnenhirn vorgegebenen und in der Netzbautätigkeit des Tiers verwirklichten Programm als getreuem Vorbild entsprechend. Da befänden sich selbst erfahrene Programmierer in einer ähnlichen Situation wie jemand, der einen durchaus bekannten, gut und deutlich lesbaren Text ins Chinesische übersetzen sollte, aber leider kein einziges Wort Chinesisch versteht!

Im übrigen aber käme da ja noch eine schier unlösbare Aufgabe hinzu: Dieses Netzbau-Programm dürfte beileibe kein fix und fertiges sein, wie beispielsweise das Programm einer vollautomatischen Waschmaschine, das jeden Schritt genau und unwiderruflich in einer unveränderbaren Reihenfolge festlegt: Vorwaschgang, Hauptwaschgang, Spülgang und Schleudergang. Nein, dieses Spinnenprogramm muss ja gerade «offen» sein! Niemals sind nämlich die Umweltverhältnisse, unter denen so ein Radnetz gebaut werden muss, auch nur annähernd stets die gleichen.

Einmal wird es zwischen Grashalmen ausgespannt, zwei Tage später zwischen den Zweigen eines Busches oder dem Gebälk eines Dachbodens. Aber selbst wenn sich die Spinne ausschließlich auf Büsche spezialisiert hätte, käme es mit Gewissheit niemals vor, dass sie ein zweites Mal auf genau die gleiche Anordnung der Äste und all ihrer Gabelungen trifft. Die Befestigung und dementsprechend auch die Richtung der Rahmenfäden werden also bei jedem neuen Netz wieder ganz und gar andere sein. Der Stein auf dem Boden, an dem es verankert wird, mag glatt oder rauh, rund oder eckig sein, er kann sogar ganz fehlen, so dass der Haltefaden an einem Stück Holz, einem Halm, einer freiliegenden Wurzel befestigt werden muss.

Kurz, der Möglichkeiten des Variierens gibt es offensichtlich unendlich viele, und unsere künstliche Spinne müsste nicht allein über recht verschiedene hochempfindliche Sensoren an ihren Beinen verfügen, die alle nur denkbaren Eigenschaften von Böden, Steinen, Wurzeln, Ästen, Halmen, Blättern usw. unterscheiden und entsprechend codiert als Meldung den Steuerorganen übermitteln könnten, sondern auch über ein entsprechend offenes, variables Programm!

Doch auch damit sind wir bei weitem noch nicht am Ende aller Eventualitäten, die beim Erstellen dieses wahren Mammutprogramms vorberücksichtigt werden müssten. Wieviel Möglichkeiten der Beschädigung, ja Teilzerstörung eines Spinnennetzes gibt es denn wohl – vom Reißen eines kurzen Stückchens Leimfaden bis zum Zerfetzen nahezu der ganzen Spirale durch die verzweifelten Befreiungsversuche der Opfer! Es müssten, damit sie auch sämtlich von der künstlichen Spinne repariert werden könnten, alle Störfälle, die überhaupt möglich sind, einkalkuliert und die ihnen gemäßen Ausbesserungsreaktionen des Spinnencomputers in sein Programm aufgenommen werden. Aber kein noch so versierter und genialer Programmierer ist schließlich allwissend! Kein Mensch vermag sämtliche Möglichkeiten vorauszusehen und alle erforderlichen Reaktionen abzuschätzen. Doch selbst wenn dieses Menschen-Unmögliche einmal gelänge: Wie in aller Welt wären denn diese Reparatur-Reaktionen zu programmieren, so dass auch stets die passenden im rechten Augenblick abgerufen und an der richtigen Stelle in die Tat umgesetzt würden? Wie müsste das Rückkopplungssystem beschaffen sein, das Erfolg – oder Misserfolg! – dieses Tuns der übergeordneten Zentrale meldet und sie veranlasst, einen neuen Versuch in die Wege zu leiten oder aber das Werk als vollendet abzuschließen?

Um das Maß vollzumachen, müsste dieses Mammutprogramm, das in unserer Sprache abgefasst und niedergeschrieben oder gedruckt eine geradezu riesenhafte Bibliothek füllen würde, auf einem einzigen Megabit-Chip codiert werden, der so winzig wäre, dass man ihn ohne Mikroskop überhaupt nicht sehen könnte. Eben nicht größer als der Kern einer Kreuzspinnen-Eizelle. Von dem kaum mehr feststellbaren, minimalen Gewicht dieses Chip wollen wir lieber gar nicht erst sprechen!

Hier werden die engen Grenzen des menschlich Machbaren nur allzu deutlich. Vor solchen Aufgaben muss unsere Wissenschaft und Technik versagen, denn all unsere Intelligenz erweist sich ihnen gegenüber als in der Tat ohnmächtig. Sie reicht eben bei weitem nicht aus, um zu begreifen, geschweige denn nachzuahmen, was da der blinde, sinnlos herumexperimentierende Zufall angeblich so ganz nebenbei und mühelos hervorgebracht haben soll.

25. Ein Programm für «Unverschämtheit»

Er macht seinem peinlichen Namen alle Ehre, der Waldbodenpilz, den der Volksmund so treffend «Stinkmorchel» genannt hat. Er heißt sogar mit seinem wissenschaftlichen Beinamen «impudicus» – der Unverschämte! Selbst für unsere Nase ist sein unangenehmer, süßlicher Geruch nach verdorbenem Fleisch schon aus geziemender Entfernung wahrnehmbar. Der superfeine Geruchsinn von Aaskäfern und Aasfliegen jedoch verrät diesen Insekten über ganz beträchtlich weite Strecken, wo es – für ihren ganz besonderen Geschmack allerdings! – etwas Verlockendes zu verzehren gibt.

Es ist dieser grünlichschwarze, glänzende Schleim, die Gleba, der den Hut den Pilzes wie eine spitze Mütze bedeckt. Abtropfen kann er so gut wie nicht, dafür ist durch eine seltsame Wabenstruktur dieser Hut-Oberfläche vortrefflich vorgesorgt. Und so kommen sie denn von allen Seiten gierig herangeflogen, die Aasfliegen, um den nahrhaften Schleim zu naschen. Mit ihm zugleich jedoch auch die Vermehrungskörper des Pilzes, seine Sporen. Und die sind geradezu superwinzig: maximal fünf Tausendstel Millimeter lang und bestenfalls zwei Tausendstel Millimeter breit. Mehr als fünfhundert könnte man also auf einer Strecke von lediglich einem Millimeter Länge mühelos nebeneinander legen! Die Öffnungen in den Saugrüsseln der Aasfliegen sind exakt so groß, dass diese Sporen mühelos hindurchgleiten können. Und da sie – rein «zufällig», versteht sich! – eine für die Verdauungssäfte dieser Fliegen nicht zersetzbare Haut besitzen, werden sie unversehrt und voll keimfähig mit dem Kot irgendwo anders, weit entfernt vom Mutterpilz, wieder ausgeschieden. Eine geradezu raffiniert anmutende Art der Verbreitung!

Übrigens: Das Gewicht einer Spore wäre selbst mit unseren feinsten elektronischen Analysewaagen nicht zu bestimmen! Und dennoch birgt eine jede Pilzspore den gesamten Bauplan und Lebenszyklus-Plan des Organismus! Der aber ist in der Tat abenteuerlich! Die Spore keimt aus zu einem Pilzfaden, der sich zunehmend verzweigt und schon bald als Mycel, als Pilzfadengeflecht den Waldboden durchwuchert. Es dauert seine Zeit, bis der Waldspaziergänger eines Tages eine seltsame Entdeckung machen kann. Aus dem braunen Fallaub leuchtet eine weiße Kugel von Tennisballgröße! «Hexeneier» hat der Volksmund diese Gebilde mit ihrer elastisch gespannten Haut aus verdichteten

So lugt das «Hexenei», in dem der vollständige zukünftige Pilz-Fruchtkörper eng verpackt steckt, aus dem dürren Falllaub des Waldbodens.

Das durchgeschnittene «Hexenei» lässt den ziehharmonikaartig zusammengefalteten weißen Stiel, darüber die vorspringenden Wabenleisten des Pilzhutes sowie die dunkle Masse des übelriechenden Schleimes deutlich erkennen.

Pilzhyphen genannt – und wehe dem, der solch ein «Ei» ahnungslos in seine Tasche steckt, um es mit nach Hause zu nehmen! Urplötzlich verströmt er einen impertinenten, einen wirklich «unverschämten» Aasgeruch! Was war da geschehen?

In der Tasche, ausgelöst durch die Körperwärme, ist die Haut des Hexeneies geplatzt und in unglaublich kurzer Zeit schob sich der bekannte Stinkmorchel-Pilz aus ihr heraus und «wuchs» innerhalb von Minuten zu voller Größe heran – mitsamt seinem «duftenden» Schleimhut. Wie in aller Welt ist so etwas aber möglich?

Wer ganz vorsichtig solch ein Hexenei mit scharfer Taschenmesserklinge durchschneidet, entdeckt unmittelbar unter seiner Haut, der Peridie, eine gallertige Schicht. Sie erklärt das elastische Gespanntsein dieser weißen Haut und hat offenbar die Aufgabe, ein Austrocknen des Ei-Inhaltes während längerer Dürreperioden zu verhindern. Dieser Ei-Inhalt jedoch stellt die große Überraschung dar! Der gesamte, zuletzt gar bis an die zwanzig Zentimeter hoch werdende Stiel des Pilzes mitsamt seinem eiförmigen Hut ist unter dieser schützenden Gallerte verpackt, zusammengeschoben und gefaltet auf engstem Raum wie eine Ziehharmonika in ihrem Koffer.

Tatsächlich sind unzählige Hyphen, die sich gerade hier, am einzig richtigen Ort des weitverbreiteten unterirdischen Mycels zu einem Pilz-Fruchtkörper zusammenschlossen und zusammenordneten, derart geschickt in Falten gelegt, dass sich dieser Fruchtkörper, ohne im üblichen Sinne dabei noch zu wachsen, lediglich auseinanderfalten muss, um seine endgültige Größe zu erreichen. Nur dank der Vorbildung aller Teile in genau den richtigen Proportionen in gefaltetem Zustand ist es verständlich, weshalb dieser Pilz-Fruchtkörper derart rasch seine Reifegestalt erreicht, dass man ihm dabei zuschauen könnte! Wie das bekannte Flaschenschiff, das, nachdem es mit engstmöglich zusammengeklappten Masten samt Takelage und Segeln sowie allen Deckaufbauten etc. durch den schmalen Flaschenhals geschoben und dann, mittels Fadenzug von außen, im Innern der Flasche entfaltet wird und nun, voll auseinander geklappt, exakt in sein enges Glasgehäuse hineinpasst, entfaltet sich die im Hexenei verpackte Stinkmorchel wie auf geheimes Kommando zur vollen Größe – und an keiner Stelle lässt sich irgendein Konstruktionsfehler entdecken. Um die ganze Ungeheuerlichkeit dieses Geschehens auch nur einigermaßen erahnen zu können, braucht man sich schließlich nur einmal vorzustellen, welche enormen Schwierigkeiten zu meistern wären, versuchte ein gewitzter Modellbastler, sein Flaschenschiff von Anfang an in zusammengeklapptem Zustand zu bauen, also ohne es jemals in seinen normalen Proportionen gesehen und auf deren Stimmigkeit überprüft zu haben. Vorausgesetzt, dergleichen wäre tatsächlich möglich:

Wieviel Phantasie und unendliche Geduld müsste unser bedauernswerter Bastler aufbieten, um sich immer und immer wieder die zusammengeklappten Holzteile, zusammengefalteten Segel und zusammengeknäuelten Haltetaue in ihrer richtigen Lage, Größe und Anordnung vorzustellen! Wie oft müsste er nachmessen und umrechnen, probieren und verändern! Ungleich mehr hätte er zu überlegen und zu grübeln, zu planen und zu kontrollieren als ein Modellbauer, der sein Schiff ganz allmählich wachsen sieht, seine Teile einen nach dem anderen in der jeweils richtigen Lage, Stellung und gegenseitigen Zuordnung zum Ganzen fügt. Jede eventuell auftretende Ungenauigkeit kann er sofort feststellen und berichtigen. Allein die richtige Anordnung, Verknüpfung und Länge jener dünnen Fäden, die den Schiffstauen entsprechend alle Rahen verbinden und halten, stellten ein schier unlösbares, im wahrsten Wortsinne unentwirrbar-verwickeltes Problem dar, zumal sie ja auch noch beweglich an den immer noch zusammengelegten Rahen angebracht werden müssten.

Doch – diese mühselige Arbeit wäre schon möglich. Unter der einen Voraussetzung nämlich, dass ein exakter, bis auf den Millimeterbruchteil genau berechneter und konstruierter Bauplan vorliegt. Der aber erfordert nun einmal unweigerlich den genialen Planer, den Vorausdenker, der eine ganz klare Vorstellung des fix und fertigen Schiffes in seinem Kopf, seinem wahrhaft schöpferischen Geist entwirft. Bei unserer Stinkmorchel jedoch soll just die gleiche geniale Leistung ohne eine Spur von Geist, einfach so durch blinden, plan- und ziellosen Zufall möglich sein – wie abwegig, dergleichen auch nur zu denken!

Aber handelt es sich hier im Lebendigen denn nur um die gleiche geniale Leistung? Übertrifft in Wirklichkeit das, was so ein häufiger, ein ganz gewöhnlicher Waldbodenpilz da zustande bringt, nicht sogar das Werk und die schöpferische Planung selbst des genialsten Schiffsbauers um Dimensionen? Immerhin baut sich sein gesamter Fruchtkörper ja selbständig auf, entwickelt sich von innen heraus aus Abermillionen immer und immer wieder sich teilenden und dabei fehlerlos selbst kopierenden Zellen, statt aus vorgefertigten Teilen zusammengesetzt zu werden. Jede dieser unzähligen Zellen spezialisiert sich anschließend, bildet sich zu einem Teil dessen um, was gerade an ihrem Platz ausdifferenziert wird: zu einem Teil des tragenden Stieles, des wabig zerklüfteten Hutes, der sporenbildenden Gewebe, der anfänglich alles schützenden, bergenden Peridie usw. Mit diesem unerhörten Selbstordnungsprozess ist nichts, aber auch gar nichts zu vergleichen, was selbst der genialste Ingenieur, was die Forscher und Wissenschaftler aller Jahrhunderte jemals zustande gebracht haben oder in Zukunft jemals zustande bringen werden.

In der Tat: Keine Maschine, kein noch so leistungsfähiger Computer vermag exakte Kopien seiner selbst herzustellen, Kopien, die sich selbständig zu ebenso leistungsfähigen Computern ausdifferenzieren – mitsamt der zugehörigen Software, also sämtlichen Programmen für alle Leistungen, die einmal erbracht werden sollen. Genau das aber geschieht, wenn der verachtete, übelduftende Pilz seine winzigen Sporen bildet. Ein einziger gewöhnlicher Champignon beispielsweise, dessen Hut nicht mehr als zehn Zentimeter im Durchmesser groß ist, wirft Stunde für Stunde vierzig Millionen Sporen ab – vierzig Millionen Programme zum Aufbau und Funktionieren eines neuen Champignons! In der Gleba des Riesenbovists, der immerhin einen Durchmesser von einem halben Meter erreichen kann, werden insgesamt siebeneinhalb Billionen (!) Sporen ausgebildet. Würde jedes darin enthaltene Programm verwirklicht, dann entstünde daraus bereits in der zweiten Generation eine Pilzmasse, die achthundertmal so groß wäre wie unsere Erde! Keine ungeordnete, schleimige Plasmamasse, oh nein: Lauter bis ins letzte Detail richtig aufgebaute und funktionierende Riesenbovist-Pilzorganismen!

Bei all unseren Überlegungen ist jedoch eines bis jetzt überhaupt noch nicht berücksichtigt worden: Der Programmspeicher, die DNS des Zellkerns einer Pilzspore, stellt ja nur einen abermals verschwindend kleinen Teil der sowieso schon winzigen Masse dar. Denn die nicht einmal staubkorngroße Spore verfügt nicht allein über eine recht dicke, derbe Hülle, die im Falle unserer Stinkmorchel sogar den verdauenden Säften des Fliegendarmes widersteht. Sie enthält auch noch Nährstoffe für die ersten Zellen des jungen Mycels, das einmal aus ihr hervorgehen wird. Ja, in dieser unwägbaren Menge DNS, sozusagen als einer Mini-Bibliothek, die höchstens einen äußerst

Die übelriechende Schleimmasse mit den Sporen ist hier bereits von den Insekten verzehrt worden: Der Fruchtkörper der Stinkmorchel hat seine Aufgabe erfüllt. Im Stiel ist die wabige Struktur des Hyphengeflechts zu erkennen, die das ziehharmonikaartige Zusammenfalten im engen Hexenei ermöglichte.

geringen Bruchteil der Sporensubstanz ausmacht, ist alle Information codiert, einschließlich jener für die Größe der Sporen selbst.

Das gesamte komplizierte Entwicklungs-Programm vom Mycel im Boden bis hin zur Herstellung jener schleimigen, olivgrünen Gleba und der Synthese eines hungrige Fliegen betörenden, für unsere Nase jedoch unverschämt stinkenden Duftstoffes enthält diese unwägbare Menge der Erbsubstanz DNS!

Welch ein Programm! Wieviel dickleibige Bände würde seine gesamte Information füllen, könnte man sie in unserer Sprache drukken? Der Gedanke, sie könnte in der Tat in «nichts als dem Zufall» ihren Ursprung haben, wäre geradezu krankhaft absurd. Vor allem auch deshalb, weil ja noch ein zweites Programm, nicht minder informationshaltig, als die einzige «passende» Ergänzung hinzukommen musste, damit dieses erste überhaupt einen Sinn hat und «überleben» kann: das der Aasfliege – und zwar für ihren speziellen Körperbau wie sämtliche physiologischen Funktionen und ihr gesamtes Instinktverhalten! Dass hier nicht «blinde Willkür» herrscht, sondern ein minutiös ausgeklügelter Plan zugrunde liegt, ist allzu offensichtlich. Hier hat der Zufall als «blinder Uhrmacher» (R. Dawkins) endgültig ausgespielt und ist als ursächliche Erklärung, als «Schöpfer» (Monod) absolut indiskutabel geworden. Vor allem jedoch dann, wenn heute die Frage nach dem Ursprung der Information gestellt wird!

26. Der Mythos von einer «Selbstorganisation» der Materie

Es war der bekannte Schweizer Botaniker Karl von Naegeli († 1891), Zeitgenosse Darwins, der die lapidare Feststellung traf: «Die Urzeugung leugnen, heißt das Wunder verkünden!» Dem allgemeinen Trend unserer Zeit frönend, verwendet man heute aber längst schon nicht mehr die reichlich mysteriös klingende Bezeichnung «Urzeugung» für die vermeintliche Von-selbst-Entstehung organisierter Lebewesen aus toter Materie! Scheint doch der Begriff «Selbstorganisation» viel sachlich-nüchterner und allein deshalb schon «wissenschaftlicher» zu klingen. Doch gemeint ist nach wie vor dasselbe. Die tote Materie soll über die geheimnisvolle Fähigkeit verfügen, sich selbst, allein Kraft ihrer chemischen Natur und physikalischen Eigenschaften (nach deren Ursprung freilich vorsichtshalber erst gar nicht gefragt wird!) zu «organisieren».

Das bedeutet: Sie soll sich selbst jene in der Tat mysteriöse Ordnung geben, die wir als Voraussetzung selbst der primitivsten Lebensformen und -erscheinungen kennen. So «organisiert» eine Pflanze ja ihren gesamten Organismus aus den «toten» Mineralien des Bodens, Wasser und dem Kohlendioxid der Luft. Sobald sie jedoch abgestorben, das ordnungschaffende Leben aus ihr gewichen ist und allein noch die Gesetze der Chemie und Physik herrschen, setzt der umgekehrte Vorgang ein.

Jegliche «Organisation», die gesamte sinnreiche Ordnung wird zerstört – und übrig bleibt am Ende nur das «Chaos» der ungeordneten chemischen Verbindungen und Elemente.

Dass die sinnvolle funktionale Ordnung, wie sie uns in allen Organen lebender Organismen so auffällig begegnet, nicht das Ergebnis irgendwelcher geheimnisvoller Fähigkeiten der Materie ist, aus der sie bestehen und sich aufbauten, das zeigt bereits eine recht einfache Überlegung. Es kann ja zweifellos nicht auf einer «Selbstorganisation» dieser Materie beruhen, wenn einmal aus der gleichen Materie völlig verschiedene Organe «organisiert» werden – und zum anderen gleiche, einander entsprechende Strukturen des Lebendigen aus völlig unterschiedlicher Materie entstehen. So wandeln beispielsweise Pflanzen sowohl Blätter (Berberitze) als auch Sprosse (Schwarzdorn) und sogar Wurzeln in völlig gleich aussehende und gleiche Aufgaben erfüllende

Dornen um, während andererseits aus derselben «Blattmaterie» Speicherorgane (Zwiebeln), Kletterranken (Platterbse), klebrige Insekten-Fangorgane (Sonnentau), Fallgruben (Kannenpflanze) oder Organe der Fortpflanzung (verschiedene Blütenteile) gebildet werden. In all diesen Fällen – und ihre Zahl ließe sich beliebig vergrößern – spielt also die Materie, der «Baustoff» lediglich die passive Rolle des Materiales *mit* dem etwas geschieht, die jedoch selbst nicht schöpferisch aktiv ist!

Noch überzeugender deutlich wird dieses Unvermögen zur sinnvollen «Selbstorganisation», vergleicht man einmal die Ordnungsformen, die von der als Baustoff im Organismus verwendeten Materie lediglich aufgrund ihrer chemisch-physikalischen Eigenschaften entstehen mit jenen, denen sie in diesem Organismus angehören. Zähne beispielsweise bestehen überwiegend aus verschiedenen Mineralstoffen. Das Zahnbein hauptsächlich aus Calziumphosphat und Calziumkarbonat, der sehr harte Schmelzüberzug überwiegend aus Calziumphosphat (Hydroxylapatit) sowie Calzium-, Kalium-, Magnesium- und Natriumkarbonaten.

Lässt man diese Stoffe aus Lösungen auskristallisieren, bilden sie aufgrund ihrer besonderen chemisch-physikalischen Eigenschaften jeweils andere, jedoch immer spezifische Kristallformen. Aber keine einzige all dieser Kristallisationsformen hat auch nur das Geringste zu tun mit der organischen Zweckform der Zähne! So sind die Zähne der Reptilien (Krokodil) alle von gleicher Kegelgestalt, lediglich zum Packen, Festhalten und Zerstückeln der Beute geeignet. Die Mahlzähne der Pflanzenfresser hingegen (Rinder, Pferde, Nagetiere) erweisen sich durch ihre Schmelzfalten wie Feilen vorzüglich zum Zerreiben harter Pflanzenzellwände geeignet und die Höckerzähne der «Allesfresser» (Hausmaus, Schwein) zum Zerquetschen sowohl tierischer als auch pflanzlicher Nahrung. Ja, bei Fledermäusen kommen sogar Schneidezähne vor, die wie winzige Kämme geformt sind und den Tieren dazu dienen, ihr Fell zu striegeln!

Ein noch überzeugenderes Beispiel stellt die «Überformung» von Calziumkarbonat durch den lebendigen Schnecken-Organismus dar. Dieses Calziumkarbonat kristallisiert (als Mineral «Kalzit») normalerweise in Rhomboedern aus. In kohlensäurehaltigem Wasser (in dem CO_2 gelöst ist) als Bikarbonat gelöst, wird es beim Verdunsten dieses Wassers und dem Entweichen des CO_2 als festes, unlösliches Kalzium-

Die Zähne eines Krokodils (Alligator) stellen einfache Kegel dar und dienen nur dem Festhalten und groben Zerstückeln der Beute.

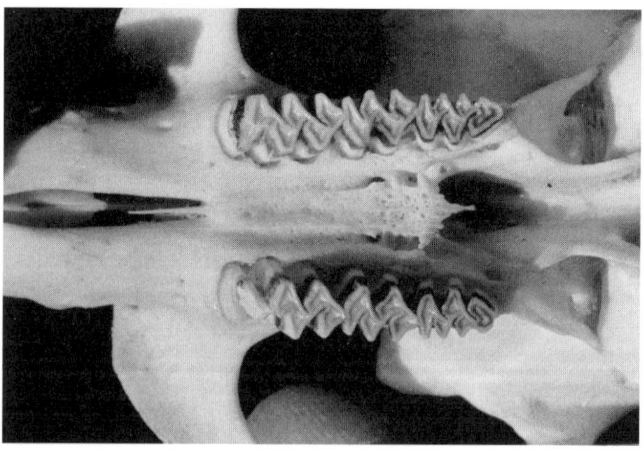

Aus den gleichen Stoffen sind die Backenzähne des Nagetieres Bisamratte aufgebaut. Aber ihr Schmelz bildet streng geordnete Falten, harte Leisten. Zwischen diesen «Feilen» des Unterkiefers und Oberkiefers (Bild) wird die Pflanzennahrung fein zerrieben.

karbonat wieder ausgeschieden. Dabei bildet sich der bekannte «Kesselstein», eine formlose, amorphe Kalkschicht z.B. in Kaffeemaschinen oder Wäscheautomaten. In unterirdischen Höhlen entstehen durch diesen Prozess die Stalagmiten und Stalaktiten als «Tropfsteine». Genau der gleiche chemische Umsetzungsprozess spielt sich nun auch in der Haut einer Schnecke ab, wenn ihr Kalkhaus entsteht. Aber das Ergebnis ist hier, im schroffen Gegensatz zu all diesen sinnlosen und zufälligen amorphen Gebilden in unseren Tropfsteinhöhlen, eine sinnvoll «organisierte», einer bestimmten Aufgabe und Lebensfunktion dienende Zweckgestalt! Niemals könnte ohne die dabei stattfindende Überformung (Nicolai Hartmann), diese «In-Formation» durch den lebendigen Organismus, lediglich aus rein chemisch-physikalischen Eigenschaften des Calziumkarbonates ein solches Gebilde von höchster Präzision entstehen!

Erweitert sich doch das Schneckenhaus von Umgang zu Umgang von der Spitze abwärts bis zu seiner Mündung ganz regelmäßig, so dass in seinem Inneren um die stützende «Spindel» Räume entstehen, in denen die unterschiedlich großen Organe des Tieres geschützt liegen – so z.B. im untersten, weitesten Umgang-Raum die große Lunge der Weinbergschnecke. Vergebens würde man bei Tausenden solcher Schneckenhäuser nach irgendeinem Fehler in der Aufeinanderfolge ihrer Umgänge suchen können. Stets erweitern sie sich kontinuierlich nach dem mathematischen Gesetz der «logarithmischen Spirale». Die dem Kalkspat $CaCO_3$ aufgrund der chemisch-physikalischen Eigenschaften seiner Jonen in der Lösung mögliche «Selbstorganisation» hingegen führte bestenfalls zu einfachen Kristallen in Gestalt von Rhomboedern!

Nein – keine Materie organisiert sich selbst zu irgendwelchen sinnvollen, bestimmte Aufgaben erfüllenden «funktionalen» Formen. Das wird noch einmal deutlich, wenn man vergleicht, was alles eine Pflanze, und sei es auch nur eine gewöhnliche Taubnessel, aus jenen «von selbst» aufgrund ihrer chemischen Natur lediglich lange Molekülketten bildenden Zellstoff (Zellulose) -Fasern und Holzstoff (Lignin) allein in ihrem Spross an unterschiedlichen Strukturen bildet. Ein Querschnitt zeigt die Zellen, deren Wände ja überwiegend aus diesem Zellstoff bestehen. Seine Molekülketten sind zu Fasern eng nebeneinander gelagert, in mehreren Schichten übereinander. Dabei überkreuzen sie sich, wie wir das vom Sperrholz her kennen, von Schicht zu

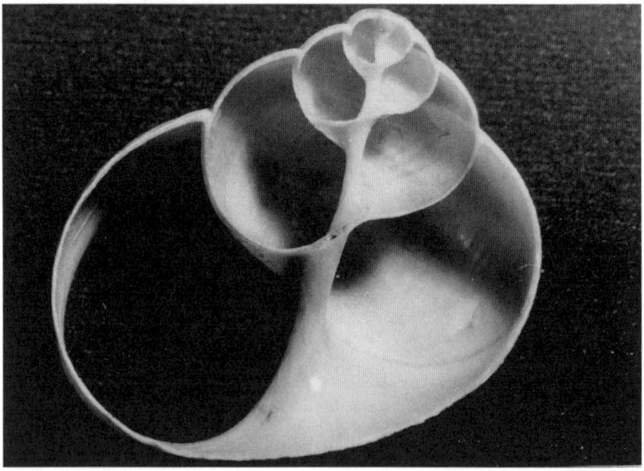

Aus kohlesaurem Kalk, Calziumkarbonat, das sich selbst lediglich zu rhomboedrischen Kristallen ausformene kann, bildet der lebendige Organismus der Weinbergschnecke eine «funktionale Gestalt» von höchster geometrischer Präzision (Längsschnitt).

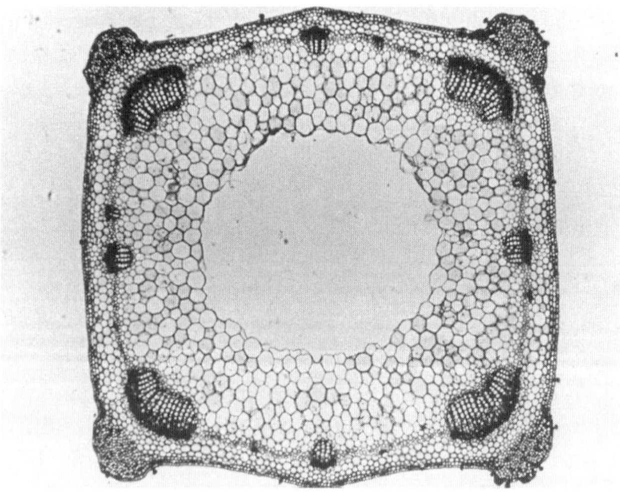

Querschnitt durch den Stengel einer Taubnessel unter dem Mikroskop. Er zeigt die streng geometrisch angeordneten Flansche der stützenden Doppel-T-Träger, die sich jeweils genau gegenüber liegen.

Schicht unter ganz bestimmten, genau eingehaltenen Winkeln. Dadurch wird die Festigkeit der Zellwände – ebenfalls wie beim Sperrholz – enorm erhöht. Doch nicht genug damit. Nach dem technischen Prinzip des «Doppel-T-Trägers» sind Zellen mit besonders dicken Wänden, in die zusätzlich Holzstoff eingelagert ist, an den Kanten des im Querschnitt quadratischen Stengels angeordnet und ebenfalls weiter innen um die Leitgefäße herum. Wiederum würde man vergebens nach einem «Konstruktionsfehler» suchen. Auch diese Leitgefäßbündel bilden Flansche von Doppel-T-Trägern, deren «Steg» das füllende Mark darstellt bzw. durch die Röhrenkonstruktion überflüssig wird. Die Zweckform ist schlechthin vollkommen – und niemals könnte sie durch irgendeine mysteriöse «Selbstorganisation» der Bau-Materie Zellulose und Lignin zustande kommen.

Die Materie erweist sich also in jedem Fall als der reine Baustoff, *mit* dem «organisiert» wird, der Mittel zum Zweck ist, Voraussetzung – keinesfalls jedoch Ursache der zu schaffenden Form. Was unerlässlich hinzukommen muss, wie beim Bau eines jeden Hauses auch, das ist ein Bauplan, eine minutiöse Information darüber, wie die verschiedenen Bauelemente einander gegenseitig zugeordnet werden müssen. Es ist also Information, die Leben in allen seinen Erscheinungsformen möglich macht. Sie ist der ausschlaggebende Faktor – nie und nimmer die Materie, deren sie sich bedient. Und sie muss von Anfang an im Kern jener Ursprungszelle sein, aus der sich der Organismus als lebendes System durch fortgesetztes Teilen selbst aufbaut und «organisiert». Über ihren Ursprung lässt sich mit naturwissenschaftlicher Akribie nur eines aussagen: dass er grundsätzlich niemals ein materieller sein kann!

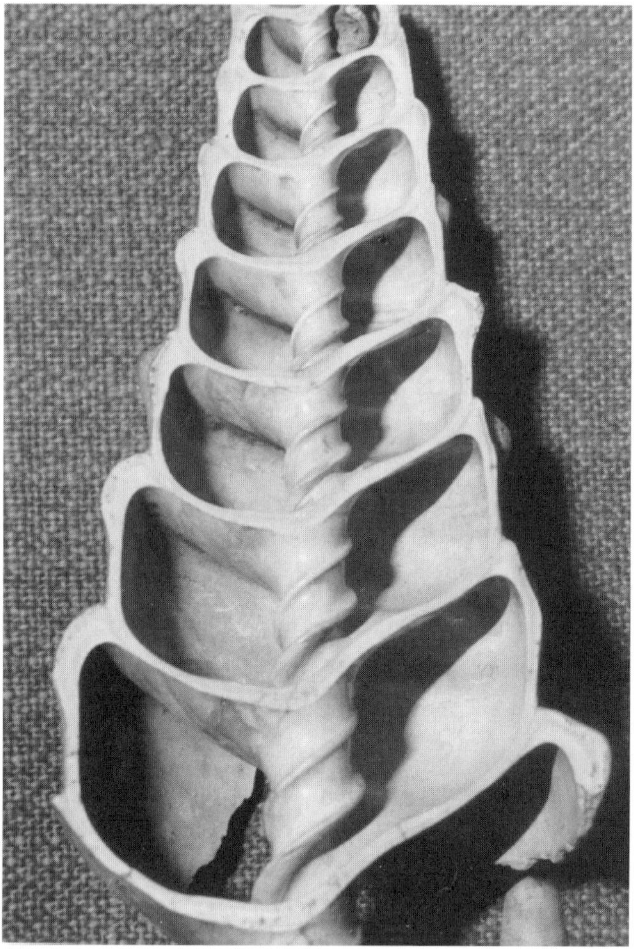

Längsschnitt durch eine Riesen-Turmschnecke des Tertiär.

27. Darwin heute – das Ende einer Utopie

Als Charles Robert Darwin im Jahre 1882 starb, wusste man noch nichts von modernen Computern und Informatik. Er konnte nicht einmal ahnen, was wir inzwischen längst erkannt haben: dass der «deus ex machina» Zufall, jener mysteriöse Schöpfer-Ersatz seines Evolutionismus durch diese Computer, ihre Hardware, vor allem jedoch ihre Programme, die Software ein für allemal als Scheinerklärung ausgedient hat.

Noch viel absurder als die Annahme, selbst der einfachste Computer könnte ohne Plan und Sinn, ohne Geist also rein zufällig von selbst entstanden sein, wäre es, immer noch daran zu glauben (!) selbst das einfachste Lebewesen, eine Amoebe etwa oder auch nur eine noch kernlose Bakterienzelle wäre durch «nichts als Zufall» (Monod) zustande gekommen. Ist doch bereits ein solcher Einzeller weit, weit komplizierter organisiert als der größte und leistungsfähigste Computer. Vollends aber scheitert jede materialistische Zufallshypothese heute an der Software, an jenen Programmen und der Fülle an Information, die in ihnen gespeichert ist und ohne die ein Computer so wenig funktionsfähig ist wie ein Organismus sich selbst aufbauen und leben könnte! Eine rein zufällige Entstehung dieser Programme und ihrer Information aber ist ebenso ausgeschlossen wie die Quadratur des Kreises oder die Konstruktion eines Perpetuum mobile!

Um dies zu verstehen und zu beweisen, muss man durchaus nicht besonders komplexe und leistungsfähige Organe betrachten. Es genügt vollauf, einmal nachdenklich irgendein Blatt, wie sie unsere Bäume, Sträucher und Stauden in jedem Herbst zu Abermillionen abwerfen und Jahr für Jahr in jedem Frühling wieder neu austreiben, zu betrachten. Um die erstaunliche Fülle der Probleme, die allein schon seine besondere, arteigene Gestalt aufwirft, einigermaßen anzudeuten, wollen wir einmal annehmen, sämtliche erforderlichen Informationen über den Umriss diese Blattes könnten nur über Telefon, also ohne jede Möglichkeit einer Abbildung, einem Wissenschaftler irgendwo in einem fernen Land übermittelt werden.

Das gelänge noch am einfachsten, wenn man dieses Blatt auf ein Koordinatennetz legte, am besten auf Millimeterpapier, und dann seinen gesamten Umriss als Aufeinanderfolge von Punkten in diesem Netz darstellte. Für jeden dieser Punkte – und je mehr es wären, umso genauer würde die Gestalt des Blattes damit beschrieben – müssten also seine Koordinaten in der richtigen Reihenfolge entlang der Umrisslinie angegeben werden, etwa: Y = 3,6; X = 2,4 usw. Nach telefonischer Übermittlung dieser Punktkoordinaten – nehmen wir einmal, wiederum vereinfachend, an, es handele sich um nur 1000, also sehr viel weniger, als Zellen diesen Blattrand bilden – könnte der Empfänger dieser Daten, indem er sie wieder in ein Koordinatennetz einzeichnet und untereinander verbindet, das Blatt zeichnen. Allerdings wäre damit lediglich eine Blatt-Fläche dargestellt – innerhalb dieser Umrisslinie.

Das echte Blatt hingegen besteht ja aus mehreren Schichten, ist also als eine Scheibe dreidimensional. Um ein der Wirklichkeit entsprechendes dreidimensionales Modell des Blattes zu bauen, müssten also auch die Raumkoordinaten angegeben sein – mittels einer dritten Achse Z, die senkrecht auf dem Schnittpunkt der X- und Y-Achsen steht. Dafür wären allerdings sehr viel mehr als lediglich 1000 Koordinatenpunkte erforderlich! Sie müssten im Idealfall so zahlreich sein, wie die Zellen des Blattes, also viele Millionen betragen, zumal diese Zellen der einzelnen Blattschichten recht unterschiedliche Formen (und Funktionen!) haben (Hautzellen, Palisadenparenchymzellen, Schwammparenchymzellen). Einer besonderen Markierung bedürften die Schließzellen der Spaltöffnungen, die für die Atmung wie für die Assimilation des Blattes unerlässlich sind. Alles in allem: Es wäre eine geradezu unerhört umfangreiche Information mit unvorstellbar vielen Daten, Angaben über Koordinatenpunkte erforderlich, damit ein naturgetreues Modell des Blattes konstruiert werden könnte.

Bei der Bildung eines Blattes in eng zusammengefaltetem Zustand unter den Knospenschuppen wird in der Tat ein derartiges Programm, eine in Wirklichkeit noch weit inhaltreichere Information verwirklicht. Im lebenden Blatt erfüllen die verschiedenen Zelltypen ja zugleich auch unterschiedliche Funktionen! Die wiederum setzten abermals besondere Informationen voraus.

Angesichts dieses Geschehens, selbst wenn die natürliche Datenentwicklung, Speicherung und Vermittlung nur so einfach erfolgte wie in unserem Denkmodell, stellen sich – zumindest! – drei entscheidende Fragen:

1. Woher stammen die Informationen dieses Programmes?
2. Wie und wodurch wurden sie in der Erbeubstanz codiert?

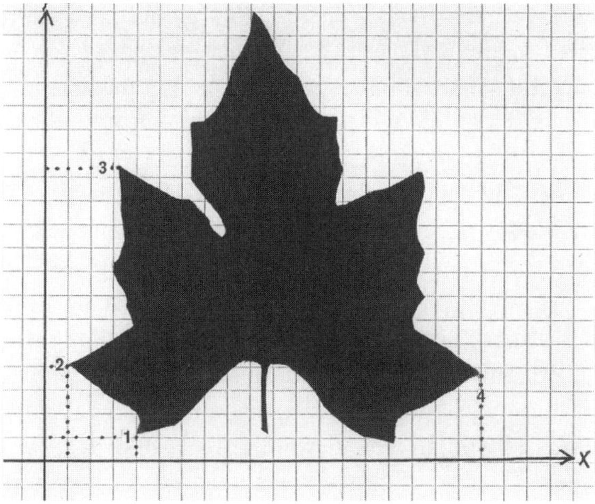

Blatt der Zaurübe Bryonia in einem Koordinatennetz. Der gesamte Umriss kann als Folge von Koordinatenpunkten in diesem Netz angegeben und als Information mitgeteilt werden. Es sind hier nur 4 Punkte verzeichnet: 1=Y1-X4; 2=Y4-X1; 3=Y12,4-X3,3; 4=Y3,8-X19. Um den Gesamtumriss einigermaßen genau anzugeben, bedarf es allerdings mehrerer Hundert solcher Koordinatenpunkte!

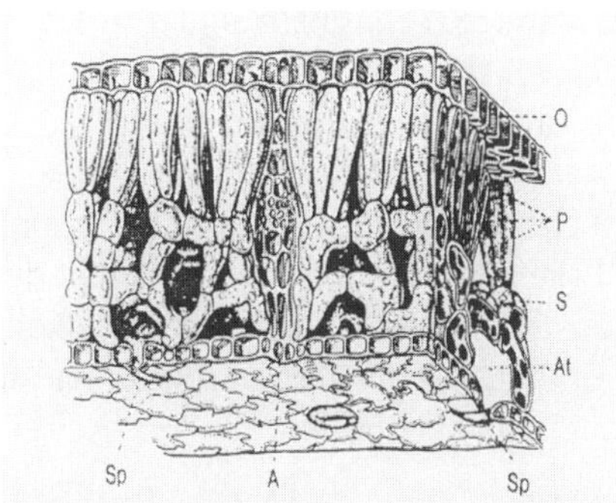

Schnitt durch ein Laubblatt. Das fertig entwickelte Blatt zeigt einen ganz spezifischen Aufbau aus mehreren Zellschichten. Jede erfüllt eine ganz spezifische Aufgabe. Die Oberhaut bildet den Abschluss gegen die Luft und trägt auf der Unterseite die zur Atmung und Assimilation unerlässlichen Spaltöffnungen. Das Schwammparenchym erlaubt durch sein aufgelockertes Gefüge den Gasaustausch und die mit Chlorophyllkörnern vollgestopften Zellen des Palisadenparenchyms sind in erster Linie für die Assimilation zuständig. O = Blattoberhaut; P = Palisadenzellen; S = Schwammzellen; At = Atemhöhle; Sp = Spaltöffnung; A = Blattader.

3. Wie und von wem werden die Daten gelesen, verstanden und in die dreidimensionale Wirklichkeit umgesetzt?

Für die Naturwissenschaft, deren Forschungsmethoden auf das Quantitative, auf das also, was mess-, zähl- und wägbar ist, eingeschränkt sind, bleiben diese Fragen unbeantwortbar – und zwar grundsätzlich! Abgesehen davon, dass ja Information weder aus Materie, noch aus Energie ableitbar ist, sondern «im Geist urständet», wie Herder es formuliert hätte: Auch ihre Codierung, die Verschlüsselung in der Molekularstruktur der Erbsubstanz ist ja mitnichten ein materieller Vorgang, sondern setzt Planung, Geist voraus. Die Semantik, also die Bedeutung der Zeichen dieses Codes bedarf zudem einer Übereinkunft, ohne die der Empfänger den Sender ja nicht verstehen könnte. Beides, sowohl diese Übereinkunft als auch das Verstehen, das Lesen und Umsetzen ins Tun sind rein geistige Aktivitäten! Bis heute ist übrigens dieses Umsetzen der genetischen Information in die dreidimensionale Wirklichkeit, der «Weg vom Gen zum Phän» (E. Blechschmidt) völlig unbekannt!

So genügt schon die besinnliche Betrachtung eines einzigen Blattes, um die Geist-lose Zufallstheorie ad absurdum zu führen. Der Gedanke, dass «nichts als der Zufall» zustandegebracht haben sollte, was uns trotz aller spektakulärer Erkenntnisse und Erfolge der Naturwissenschaft zu begreifen, geschweige denn nachzuvollziehen unmöglich bleibt, ist derart absurd, dass sich jede weitere Diskussion darüber als sinnlos erübrigt.

Der österreichische Dichter Hugo von Hofmannsthal hat bereits lange vor diesen Erkenntnissen unseres Zeitalters der Computertechnik und Informationstheorie das Wunder und entscheidende Geheimnis alles Lebendigen erahnt, für das ihm und uns hier stellvertretend das einfache Blatt diente, als er schrieb:

«Wüsst ich genau, wie dieses Blatt
aus seinem Zweig herauskam,
schwieg ich auf ewige Zeit still:
denn ich wüsste genug!»

Ja – ein einziges Blatt genügt dem schauenden Dichter, um «genug zu wissen» vom Geheimnis des Lebendigen – und dem über sein begrenztes Fachgebiet hinausdenkenden Biologen, um die «naive» (Grassé) Zufallshypothese ad absurdum zu führen. Und doch bildet ja der Organismus Baum oder Strauch neben Blättern auch Wurzeln, Leitgefäße, Schutzgewebe, Knospen, Blüten, Früchte usw. Jeder lebendige Organismus stellt ja ein unerhört komplexes Ganzes dar, eine sinnvoll gegliederte hierarchische Ordnung!

Schon innerhalb der Knospe, in eng zusammengefaltetem Zustand, bilden die sich teilenden Zellen die unverkennbare Form der Rotbuchen-Blätter.

28. Die nicht-reduzierbare Komplexität

Die Tatsache selbst ist zwar durchaus bekannt, wie unsere Bespiele, etwas die Immergrünblüte oder die «lebendige Computer»-Spinne zeigten. Doch ihre Kennzeichung als «nicht-reduzierbare-Komplexität» ist neu und überaus treffend. Der amerikanische Biologe, von dem sie stammt, hat am einfachen Beispiel der bekannten Mausefalle erklärt, was er darunter versteht. Die Falle ist ja aus Teilen zusammengesetzt, die einander sinnvoll nach Plan ergänzen.

Da ist zunächst als Basis das Holzbrettchen, an dem alles andere befestigt ist: der Schlagbügel, die starken Federn, die ihn spannen, der Sperrhaken, der ihn in seiner gespannten Lage hält, der kleine Hebel, der diesen Sperrhaken bei Berührung des Köders wegzieht und damit das Zuschnappen des Schlagbügels auslöst, sowie diverse Schrauben, mit denen alle Teile beweglich oder unbeweglich am Brettchen befestigt sind. Diese relativ einfach konstruierte Mausefalle ist deshalb eine nicht-reduzierbare Komplexität, weil sie erst funktioniert, wenn sämtliche Teile, einander entsprechend zugeordnet, vorhanden sind. Fehlte auch nur ein einziges, und sei es auch lediglich eine der Halteschrauben, würde die Falle niemals funktionieren.

Irgendeine noch-nicht-fertige, aber dennoch funktionsfähige Vorstufe wäre ganz und gar unmöglich. Die Komplexität muss vollkommen sein – alles andere wäre sinnlos. Nicht einmal eine gewöhnliche Mausefalle wäre also auf einfachere «Vorstufen» reduzierbar, ohne jegliche Bedeutung zu verlieren und nur noch ein unnützes, unbrauchbares Gebilde darzustellen! Bei Lebewesen, für die unsere einfache technische Mausefalle ja beispielhaft steht, kommt da freilich noch ein entscheidender Faktor hinzu. Alle ausdenkbaren noch-nicht-fertigen und somit nicht funktionsfähigen Vorstufen einer Entwicklung könnten ja nicht überleben. Allein dadurch schon wäre jede weitere Evolution bis schließlich zur Vollkommenheit vereitelt.

Ein gerade «technisch» besonders überzeugendes Beispiel nicht-reduzierbarer Komplexität stellt der in den achtziger Jahren entdeckte Mini-Elektromotor dar, mit dessen Hilfe gewöhnliche Darmbakterien der Art Escherischia coli ihre Geißeln bewegen. Tatsächlich entpricht dieser unglaubliche Motor mit einem Durchmesser von nur einem dreißig Millionstel Millimeter in seinem Feinbau verblüffend genau dem eines modernen Elektromotors. Mit höchster Präzisison sind seine verschiedenen Teile in die trotz ihrer unvorstellbar geringen Dicke aus mehreren Schichten, nicht einmal hauchdünnen Membranen, bestehende Wand des Bakteriums eingebaut. In den untersten Schichten dreht sich der scheibenförmige «Rotor» in einem festen Ring als dem «Stator». Seine senkrecht stehende Achse wird nochmals durch ein «Lager» in der äußersten Membranschicht stabilisiert. Außerhalb des Bakterienzellkörpers endet sie in einer langen Geißel, die durch ein besonderes Winkelstück fest mit ihr verbunden ist.

Wie ein Fabrikschornstein aus Mauersteinen, so ist diese Geißel aus kugelförmigen Eiweißkörpern aufgebaut – allerdings nicht in übereinander liegenden Ringen, sondern in engen Spiralen schraubenförmig bis zur Spitze aufsteigend. Sie ist zwar nur zwanzig tausendstel Millimeter lang, doch das entspricht in Wirklichkeit einem Vielfachen der Körperlänge des Bakteriums. Um es an einem Vergleich zu veranschaulichen: Aus einem auf die Maße eines Brotlaibes vergrößerten Bakterium hingen diese insgesamt sechs bis sieben Geißeln an dem einen Ende als zirka zwei Meter lange dünne Fäden heraus! Tatsächlich erreicht ihr

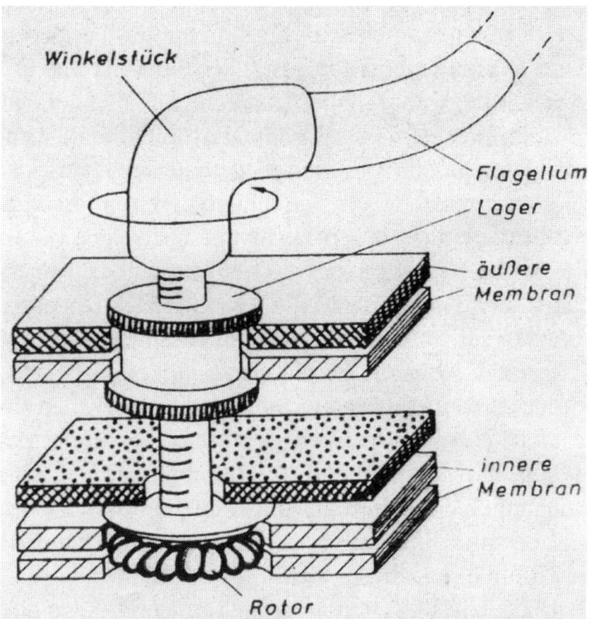

Der Elektromotor einer Bakterie

Durchmeser lediglich den Wert von einem dreißigmillionstel Millimeter! Und doch wirbelt jeder dieser winzigen Elektromotoren seine Geißel, die sich dabei korkenzieherartig verdrillt, in einer Sekunde mindestens hundertmal herum! Ja, manche Bakterien schaffen sogar in nur einer einzigen Minute bis zu 15 000 Geißeltumdrehungen. Selbst ein hochmoderner Turbogenerator schafft im günstigsten Fall gerade ein Zehntel davon: «nur» 1500 Umdrehungen pro Minute!

So schießt denn auch diese unscheinbare Bakterienzelle mit ihrem Mehrmotorenantrieb geradezu vorwärts – ganze 200 Mikrometer in jeder Sekunde. Unsereiner müsste schon mit einer Geschwindigkeit von sage und schreibe 400 Kilometern pro Stunde durch das Wasser «schießen», um Vergleichbares zu leisten!

Es handelt sich tatsächlich um elektrische Energie, die den winzigen Geißelmotor antreibt. Die untere Schicht der Zellhaut stellt dank ihrer besonderen Eiweißstruktur die nichtleitende Platte eines Kondensators dar, der außen positiv und innen negativ aufgeladen ist. Die elektrische Spannung – man hat sie tatsächlich ermitteln können! – erreicht den Wert von 0,2 Volt. Dabei ist die Energieausnutzung derart ideal, dass der «Wirkungsgrad» dieses Bakterienmotors den unserer modernen Motoren weit, weit übertrifft. Ein Dieselmotor beispielsweise verwandelt nur etwa 35 Prozent der Energie seines Treibstoffes Öl in Bewegungsenergie, während der gesamte Rest, also der Hauptanteil, nutzlos als Wärme verloren geht. Die gewöhnlichen Darmbakterien dagegen bringen das schier unglaubliche Wunder fertig, beim Abbau energiereicher organischer Verbindungen deren gesamte gebundene elektrische Energie ohne jeden Verlust in elektrische Energie umzuwandeln!

Sechs solcher fehlerfrei funktionierender Elektromotoren besitzt eine Darmbakterie, und bei keinem mangelt es auch nur an der geringfügigsten Kleinigkeit. Sie alle sind vollkommen, und nur unter dieser Voraussetzung können sie ja ihre Aufgabe erfüllen! Irgendwelche noch-nicht-vollkommenen Entwicklungsvorstufen, wie sie die gradualistische Evolutionstheorie nun einmal fordern muss, wären lediglich ein unnützer, nicht funktionsfähiger und daher der unerbittlichen Selektion zum Opfer fallender Ballast für die lebende Bakterienzelle. Die Komplexität dieses Bakterien-Motors ist in der Tat nicht reduzierbar! Zudem: Dass bereits bei den Einzellern, gar noch kernlosen Bakterienzellen eine derartige Komplexität entdeckt wurde, wirft erneut diee Frage auf, inwieweit man denn nun wirklich berechtigt ist, hier von «Primitiven» zu sprechen!

Dass es sich auch bei vielen Verhaltensweisen um vergleichbare nicht-reduzierbare Komplexitäten handelt, zeigte ebenfalls bereits u.a. das Beispiel der Stichlingsbalz. Allerdings mag das seltsame Verhalten mancher Ameisen gerade im Computer-Zeitalter noch überzeugender sein, zumal es zeigt, dass es wirklich nichts Neues unter der Sonne gibt. Sogenannte Hacker, die Computerprogramme knacken und ändern, gibt es nämlich nicht erst in unseren Tagen, sondern bereits seit Urzeiten!

Immerhin ist es ja auffallend und seltsam, wenn eine Ameise mit Beginn der Abendkühle statt in die warme Geborgenheit ihres Baues und die Gesellschaft ihrer Artgenossen zurückzukehren, plötzlich einen Grashalm bis hinauf zur Spitze erklimmt und sich dort oben in luftiger Höhe mit ihren zangenartigen Kiefern festbeißt, obwohl sie doch niemals pflanzliche Nahrung zu sich nimmt! Ja, ein regelrechter Kaumuskelkrampf, der unmittelbar nach dem Zubeißen einsetzt, hindert sie gar daran, ihren so exponierten Sitz vor der Mitte des nächsten Tages wieder zu verlassen. Und kaum wird es dann gegen Abend wieder kühler, beginnt dieses seltsame Spiel von vorn. Was hat das alles zu bedeuten?

Genauere, langwierige Untersuchungen haben schließlich gezeigt, dass alle Ameisen, die sich so eigenartig verhalten, in ihrem Körper eingekapselte *Schwanzlarven* des Kleinen Leberegels beherbergen. Der Lebensweg dieser vorwiegend in den Gallengängen von Ziegen, Schafen und Rindern schmarotzenden Zwitter ist ein recht abenteuerlicher. Mit dem Kot der befallenen Tiere gelangen ihre Eier ins Freie und werden von Schnecken als *Zwischenwirten* aufgenommen. Über verschiedene Larvenformen (Miracidium, Redie), die sich durch unbefruchtete Eier vermehren (Parthenogenese), wobei schließlich aus anfänglich nur einem einzigen Wurmei bis zu 6000 Larven hervorgehen können, entwickeln sich zuletzt die Schwanzlarven (Cercarien). Sie gelangen dann mit den von der Schnecke ausgeschiedenen Schleimballen wiederum ins Freie und werden von Ameisen gefressen. Durch die harte Wand des Kropfes einer solchen Ameise bohren sich die Cercarien bis in die Leibeshöhle vor, wobei – man ist versucht zu sagen: sorgsam! – jedes einzelne Bohrloch wieder mit einem besonderen Sekret verschlossen wird. Bis hierhin ist eigentlich nichts gar so

Besonderes an der ganzen Angelegenheit, nur – man entdeckte bei sämtlichen Untersuchungen stets ein Bohrloch mehr im Kropf der Ameise, als eingekapselte Cercarien im Körper des infizierten Tieres zu finden waren. Wo steckt die fehlende?

Wie sich dann nach eifrigem Suchen herausstellen sollte, handelte es sich bei dieser vermeintlich verlorengegangenen Wurmlarve stets um die erste von der Ameise verschluckte, die sich ganz anders verhielt als alle anderen und zielsicher, als besäße sie eine genaue Wanderkarte nebst Kompass, just bis in das Unterschlundganglion vordrang. Und genau dort geschah dann, was nach wie vor wie Science-fiction anmutet. Die Wurmlarve programmierte in diesem untergeordneten Teil des Zentralnervensystems das normale Verhalten der Ameise um, ganz so, als würde bei einem modernen Computer ein Chip gegen einen anderen ausgetauscht, der ein gänzlich anderes Programm in seinem Speicher enthält.

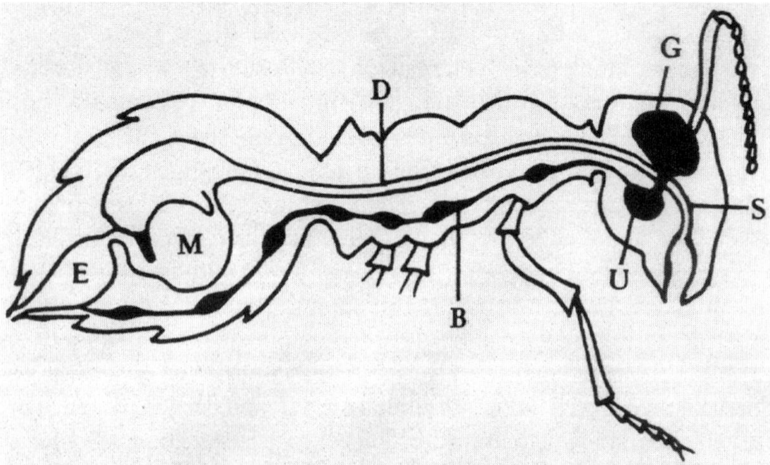

Längsschnitt durch den Ameisenkörper. G=Gehirn (Oberschlundganglion) oberhalb der Speiseröhre S. U=Unterschlundganglion. B=Bauchmark mit Ganglienknoten in jedem Körpersegment. D=Darm. M=Magen. Darüber der Kropf. E=Enddarm. Nur das erste der drei Beinpaare ist ausgezeichnet.

Was die Ameise nun tut, entspricht genau jener neuen Information durch dieses aufgezwungene andere, fremde Programm. Dass sie dabei auch einen Beißkrampf bekommt, das verwundert insofern nicht, als das Unterschlundganglion schon beim gesunden, nicht infizierten Tier die Kieferbewegungen steuert. Der Sinn dieser Verhaltens-Umprogrammierung ist unschwer zu begreifen: An den Spitzen langer Grashalme unbeweglich festsitzende Ameisen werden natürlich häufiger von weidenden Huftieren aufgenommen als andere, die behend auf dem Boden oder in Bodennähe über Blätter krabbeln. Damit aber ist der Lebens-Kreislauf zum Vorteil des Schmarotzers glücklich geschlossen, das Spiel beginnt von vorne.

Auch hier müssen alle genannten Voraussetzungen erfüllt sein, vom anatomischen Bau des Ameisen-Nervensystems und der Beschaffenheit seiner Programme bis zum Verhalten der Wurmlarve, soll dieser so abenteuerliche Werdegang des Schmarotzers erfolgreich sein. Halbfertige Vorstufen, auf wessen Seite auch immer, einer angeblich gradualistischen, also ganz allmählichen Schritt-für-Schritt-Evolution hätten, weil erfolglos, recht bald zum Aussterben der heute so erfolgreichen «Hacker» führen müssen!

Nein, von alledem konnte Darwin zu seiner Zeit noch nichts ahnen. Nur aus dieser ehrlichen Ahnungslosigkeit erklärt sich sein entwaffnendes Geständnis, selbst ein einziger Fall von, wie er heute sagen könnte, nicht-reduzierbarer-Komplexität würde seine *gesamte* Theorie ein für allemal widerlegen!

29. Am Anfang war der Geist!

Die hochkomplexe, hierarchisch gegliederte Ordnung, die jeder lebendige Organismus repräsentiert, zerfällt, sobald er tot ist. Jetzt herrschen nur noch die Gesetze der Chemie und Physik, die allein nicht ausreichen, um eine derartige Ordnung aufzubauen und zu erhalten. Im Gegenteil, ihre «Richtung» ist jener der lebendigen Organismen gerade entgegengesetzt:

Sie bewirken stets nur einen Übergang von vorhandener Ordnung zur Unordnung, hin zum Chaos, und vom energiereicheren zum energieärmeren Zustand. Sie also für die Ursache der organismischen Ordnungsgefüge zu halten, widerspräche nicht allein den Forschungsergebnissen unserer exakten Naturwissenschaften, sondern auch dem philosophischen «Satz vom zureichenden Grund».

So stellten die organismischen Ordnungsgefüge schon immer das entscheidende Argument gegen materialistisch-mechanistische Erklärungsversuche in der Biologie. Dass allein der blinde Zufall diese Ordnungsgefüge hervorgebracht haben könnte, lässt sich allein schon durch die Wahrscheinlichkeitsmathematik (W. Heitler u.v.a.) überzeugend ad absurdum führen.

Heute jedoch, im Zeitalter der Computer, kommt ein neues, entscheidendes Argument hinzu. Dass die Ontogenese, die Keimesentwicklung eines Lebewesens, streng nach vorgegebenem, ererbtem Plan erfolgt, dass es sich also nach einer genauen Instruktion, einer schon im Ei-Zellkern verschlüsselt, codiert enthaltenen «Information» selbst aufbaut, daran lässt die Genetik nicht mehr den geringsten Zweifel. Inzwischen wissen wir aber, welche Voraussetzungen erfüllt sein müssen, um «Programme» selbst mit unvergleichlich geringerem Informationsgehalt zu erstellen. Information ist ja, wie bereits mehrfach angesprochen, eine Größe eigener Art (W. Gitt) *neben* Materie und Energie und kann infolgedessen weder aus der einen, noch aus der anderen entstehen oder erklärt werden. Wir kennen Information ausschließlich als das Ergebnis geistiger Aktivität!

Ein einfaches Beispiel mag dies veranschaulichen. Man kann ein unbespieltes Tonband mit beliebig vielen zusätzlichen Schichten magnetisierbarer Substanz versehen und es energiereichen Strahlen jeglicher Wellenlänge über beliebig lange Zeit aussetzen und ihm dadurch Energie zuführen – es wird beim anschließenden Abspielen niemals

Beethovens Neunte, ja nicht einmal ein einziger Akkord, ein sinnvoller Satz oder auch nur ein Wort zu hören sein! Um dies zu erreichen, müssen die magnetisierbaren Elemente des Bandes in eine ganz bestimmte Ordnung versetzt, in-Form gebracht, kurz: informiert werden. Dieser unerlässliche Vorgang benötigt zwar Energie – das Band muss ja laufen und die Schwingungen der Mikrophonmembran müssen auf die Magnetschicht übertragen werden – doch aus der Materie des Bandes und dieser Energie allein entsteht nie und nimmer auch nur eine Spur von Information. Sie sind lediglich Voraussetzungen, so wie Farben, Pinsel und Leinwand Voraussetzungen für die Entstehung eines Gemäldes sind, aber mitnichten die Ursachen!

Dass Information nie ein Produkt der Zufalls, sondern immer nur des Geistes sein kann, hat der Informatiker Werner Gitt zusammenfassend folgendermaßen dargestellt:

1. Es gibt keine Information ohne Code.
2. Es gibt keinen Code ohne freie willentliche Vereinbarung.
3. Es gibt keine Information ohne Sender.
4. Es gibt keine Informationskette, ohne dass am Anfang ein geistiger Urheber steht.
5. Es gibt keine Information ohne ursprüngliche geistige Quelle; d.h.: Information ist wesensmäßig eine geistige, aber keine materielle Größe.
6. Es gibt keine Information ohne Willen.
7. Es gibt keine Information ohne die fünf hierarchischen Ebenen:
   Statistik (Aspekte der Zeichenhäufigkeit und Signalübertragung),
   Syntax (Aspekte des Codes und der Satzbildungsregeln),
   Semantik (Aspekte der Bedeutung),
   Pragmatik (Aspekte der Handlung),
   Apobetik (Aspekte des Ergebnisses und des Zieles. Es gibt keine Information durch Zufall).

Aus diesen Erkenntnissen ergibt sich die Definition des Lebens: Leben = materieller Anteil (physikalische und chemische Aspekte) + immaterieller Anteil (Information aus geistiger Quelle).[47]

Diese Argumente der Informationstheorie bedeuten das Ende der evolutionistischen Ideologie. Johann Wolfgang von Goethe müsste seinen Faust in unseren Tagen nicht mehr so verzweifelt nach der treffendsten Übersetzung des Anfanges des Johannesevangeliums suchen lassen! In principio erat verbum! Ja – er würde es heute beim

«Wort» belassen. Denn das gesprochene Wort ist und vermittelt Information gleichermaßen in vollkommenster Art und Weise.

Nein: Am Anfang war nicht der «Wasserstoff», wie ein naiv-frivoler Buchtitel dem naturwissenschaftlichen Laien zu suggerieren versuchte. Am Anfang war der Geist – der Logos, das schöpferische Wort!

Die dem Auftrieb dienenden Kammern der Kalkschale des Tintenfisches Nautilus (Längsschnitt) liegen auf einer Logarithmischen Spirale (der Radiusvektor wächst nicht kontinuierlich, sondern exponentiell!).

Anmerkungen

[1] Frisch, K. v.: Du und das Leben. Frankfurt/Berlin/Wien 1974, S. 349

[2] Kahle, H.: Evolution – Irrweg moderner Naturwissenschaft. Bielefeld 1980, S. 31

[3] Grassé, P.: Das Ich und die Logik der Natur. München 1973, S. 48

[4] Gerlach, R.: Ich liebe die Tiere. Frankfurt/Hamburg 1955, S. 115

[5] Clarc, R. E. D.: Darwin und die Folgen. Wien 1954

[6] Huxley, J.: Entfaltung des Lebens. Hamburg 1954, S. 56

[7] Clark, R. W.: Charles Darwin. Frankfurt 1985, S. 77

[8] Sachsse, H.: Einführung in die Kybernetik. Hamburg 1974, S. 155

[9] Lorenz. K.: Das sogenannte Böse. Wien 1963, S. 387

[10] Monod, J.: Zufall und Notwendigkeit. München 1971, S. 141

[11] Heitler, W.: Der Mensch und die naturwissenschaftliche Erkenntnis. Braunschweig 1962

[12] Eigen, M. u. Winkler, R.: Das Spiel – Naturgesetze steuern den Zufall. München 1975

[13] Dawkins, R.: Der blinde Uhrmacher. München 1987, S. 142

[14] Gitt, W.: Energie – optimal durch Information. Neuhausen/Stuttgart 1986, S. 95

[15] Darwin, CH. R.: Die Entstehung der Arten. Leipzig o.J., S. 73

[16] Ebd., S. 254-255

[17] Chapman, G.: Orchids – a witness to the Creator. Queensland/Australia

[18] Tinbergen, N.: Instinktlehre. Berlin/Hamburg 1956, S. 95-96

[19] Eibl-Eibesfeld, I.: Grundriss der Vergl. Verhaltensforschung. München 1967

[20] Illies, J.: Der Jahrhundertirrtum. Frankfurt 1983, S. 109

[21] Chargaff, E.: Das Feuer des Heraklit. Stuttgart 1980, S. 84

[22] Bertsch, K.: Der Wald als Lebensgemeinschaft. Ravensburg o.J., S. 63

[23] v. Bertalanffy, L.: Gesetz oder Zufall: Systemtheorie und Selektion. In: Koestler, A. und Symthies, J. R. (Hrsg.): Das neue Menschenbild. Wien/München 1970, S. 82

[24] Nachtigall, W.: Biostrategie. Hamburg 1983, S. 85

[25] Eigen, M. und Winkler, R.: Das Spiel – Naturgesetze steuern den Zufall. München 1974

[26] Schindewolf, O.: Grundlagen der Paläontologie. Stuttgart 1950, S. 506

[27] Illies, J.: Der Jahrhundertirrtum. Frankfurt 1983, S. 149

[28] Ebd., S. 150

[29] Portmann, A.: Neue Wege der Biologie. München 1960, S. 165

[30] Darwin, Ch.: Die Abstammung des Menschen und die Zuchtwahl in geschlechtlicher Beziehung. Leipzig o.J., S. 403

[31] Fabre, J. H.: Das offenbare Geheimnis (Kommentar von A. Portmann). Ulm 1977

[32] Herbst, G.: Weltmeister der Tarnung. In: Das Tier Nr. 1/1982, S. 41

[33] Illies, J.: Die biologische Evolution als bleibende Herausforderung des Denkens. Universitas Nr. 9/1981, S. 961

[34] Posch, O.: Die Kultur der Gegenwart. Allgemeine Biologie. 1915, S. 552

[35] Illies, J.: Der Jahrhundertirrtum. Frankfurt 1983, S. 137

[36] Ebd., S. 137

[37] Ludwig, G.: Das naturwissenschaftliche Weltbild des Christen. Osnabrück 1962

[38] Portmann, A.: Neue Wege der Biologie, a.a.O., S. 70

[39] Siegmund, G.: Auf den Spuren des Lebensgeheimnisses. Fulda 1964, S. 26

[40] Wolff, G.: Die Wiederbildung der verlorenen Augenlinse beim Salamander. In: Dennert, W. (Hrsg): Die Natur, das Wunder Gottes. Bonn 1950, S. 179

[41] Wickramasinghe, Ch.: zit. nach Wilder Smith, A. E.: Ein vergessener Aspekt des Neo-Darwinismus. In: «factum», Mai 1983, S. 4

[42] Vollmert, B.: Polykondensation in Natur und Technik. Karlsruhe 1983, S. 12

[43] Vollmert, B.: Die Lebewesen und ihre Makromoleküle. Karlsruhe 1983, S. 26

[44] Illies, J.: Der Jahrhundertirrtum. Frankfurt 1983, S. 58-59

[45] Junker, R. und Scherer, S.: Entstehung und Geschichte der Lebewesen. Gießen 1992

[46] Heitler, W.: Der Mensch und die naturwiss. Erkenntnis. Braunschweig 1962, S. 49

[47] Gitt, W.: Fragen, die immer wieder gestellt werden. Bielefeld 1991, S. 57

Weiterführende Literatur

Siegmund, G.: Naturordnung als Quelle der Gotteserkenntnis, Stein am Rhein 1985

Blechschmidt, E.: Wie beginnt das menschliche Leben – vom Ei zum Embryo, Stein am Rhein 1989

Thürkauf, M.: Die Gottesanbeterin. Zwei Naturwissenschaftler auf der Suche nach Gott, Stein am Rhein 1984

Philberth, B.: Der Dreieine. Die Struktur der Schöpfung, Stein am Rhein 1987

Wesson, R.: Die unberechenbare Ordnung. Chaos, Zufall und Auslese in der Natur, München 1992

Scheffczyk, L. (Hrsg.): Evolution – Probleme und neue Aspekte ihrer Theorie, München 1991

Masuch, G./Staudinger, H. (Hrsg.): Geschöpfe ohne Schöpfer? Wuppertal 1987

Vollmert, B.: Die Entstehung der Lebenwesen aus naturwissenschaftlicher Sicht, Weilheim-Bierbronnen 1995

Gitt, W.: Logos oder Chaos, Neuhausen-Stuttgart 1981

Stockhausen, A. v.: Mythos – Logos – Evolution, Neuhausen-Stuttgart 1981

Locker, A.: Evolution – kritisch gesehen, Salzburg-München 1983

Povel, A.: An den Grenzen der Naturwissenschaft, Ulm 1998

Koltermann, R.: Grundzüge der modernen Naturphilosophie, Frankfurt 1994

WOLFGANG KUHN

Schöner als Salomons Pracht

Spuren Gottes in der Schöpfung
87 Seiten, 39 Farbtafeln

Rainer Maria Rilke klagte einmal: «Die meisten Menschen wissen gar nicht, wie schön die Welt ist und wieviel Pracht in den kleinsten Dingen, in irgendeiner Blume, einer Baumrinde oder einem Birkenblatt sich offenbart!» In der Tat: Die hemmungslose Bilderflut, die tagtäglich auf uns einstürmt, lässt vor lauter hastendem Sehen das Schauen verlernen. Schauen ist mehr als nur Sehen: ein Innewerden der Bedeutung, des tieferen Sinnes alles Wahrgenommenen – und ein besinnliches Erahnen des uns Unbegreiflichen. Wolfgang Kuhn, der bekannte Biologe von der Universität Saarbrücken, bringt in diesem Buch 39 farbig illustrierte Beispiele von «Spuren Gottes in der Schöpfung», die uns nicht nur wegen ihrer brillanten Schönheit, sondern wegen ihrer Zielstrebigkeit faszinieren und beglücken. Ein Buch, das die Menschen wieder das Staunen, die Verwunderung lehrt, ein Verhalten also, das nach Plato der Anfang allen Begreifens ist.

Presse-Urteil:
In einer Zeit zunehmender Umweltzerstörung und Ausrottung vieler Arten zeigt dieser Band, welche Schönheit sich in den kleinen Dingen des Lebens offenbaren kann. Das Sehen mit dem Herzen steht eindeutig im Vordergrund, nicht der berechnende Verstand oder der Fortschritt von Wissenschaft und Technik. Ein Buch, das durch herrliche Naturaufnahmen und meditative Begleittexte besticht.

Paderborn, Der Dom

Mit Goethe hat der Verfasser das Auge für das Unvergleichliche, Einzigartige der Form, der Gestalt, des Typus, dessen stimmiger und harmonischer Bau sich nach dem Grundsatz, dass das Ganze mehr ist als die Summe seiner Teile – ähnlich wie das Kunstwerk –, nur der Anschauung erschließt.
Wenn es irgendein Buch gibt, das wir uns gut als kleines Geschenk vorstellen können – vor allem auch für die Jugend –, dann ist es dieses, ja wir möchten hinzufügen: es gibt kaum ein schöneres!

Prof. Walter Hoeres

WOLFGANG KUHN

Von der Weisheit der Unvernünftigen

Instinktleistungen als angeborene «Intelligenz»
117 Seiten, 50 Farbtafeln

«Können Tiere denken?» Diese Frage beschäftigte Fachkundige bereits im Altertum. Allzu weise, zu wohlüberlegt und vorausgeplant erschienen viele ihrer Leistungen! So wirken ungezählte «technische» Lösungen bestimmter Aufgaben derart raffiniert ausgeklügelt, dass sie selbst Mathematiker, Physiker und Ingenieure in Erstaunen versetzen, ja sogar oft deren Können weit in den Schatten stellen. So haben beispielsweise trotz intensivster Bemühungen erfahrene Wasserbau-Ingenieure das Problem der Wasserversorgung einer Stadt in den USA nach anhaltender Dürre nicht lösen können – wohl aber Biber durch ihre «genialen» Dammbauten. Doch wenn Tiere wirklich denken könnten, besäßen sie auch – in irgendeiner Form! – eine Sprache und die höheren Säugetiere zumindest Anfänge einer «Kultur». Aber gerade jene mit den kleinsten Gehirnen, die Insekten, zeigen die verblüffendsten Leistungen!

«Instinkt» hat man ihre so «vernünftig» anmutenden Verhaltensweisen genannt, ohne mit diesem Wort allerdings irgend etwas zu erklären. Heute indessen, im Zeitalter der Computer und Informatik, wissen wir, dass ihre «klugen» Aufgabenlösungen weitgehend «vorprogrammiert» sind: als ererbte, «angeborene» Information schon im mikroskopisch winzigen Kern jener Eizelle «codiert», aus der sie heranwuchsen. Information jedoch ist eine Größe völlig eigener, neuer Art jenseits von Materie und Energie, also keinesfalls aus ihnen abzuleiten. Wir kennen sie ausschließlich als geistigen Ursprunges. So stellt sich angesichts der so weise wirkenden Instinkte der «Unvernünftigen» die entscheidende Frage: Welcher alles menschliche Vermögen weit überragende Geist hat sie verursacht? Nach Paulus gibt es nicht nur für die Christen, sondern auch für die Heiden eine plausible Antwort; im Brief an die Römer schreibt er: «Denn was man von Gott erkennen kann, ist ihnen offenbar; Gott hat es ihnen offenbart. Seit Erschaffung der Welt wird seine unsichtbare Wirklichkeit an den Werken der Schöpfung mit der Vernunft wahrgenommen, seine ewige Macht und Gottheit. Daher sind sie unentschuldbar» (Röm 1, 19-20).

CHRISTIANA-VERLAG CH-8260 STEIN AM RHEIN

WOLFGANG KUHN

Groß sind Deine Werke

Gottes Handschrift in der Schöpfung
108 Seiten, 50 Farbtafeln, DM 25.-, Fr. 22.50, S 205

«Biologie-Professor Kuhn wird nicht müde, der These entgegenzutreten, dass der Zufall der ‹Schöpfer› alles Lebendigen sei, dass die Welt sinnlos und planlos entstanden ist. Er weist anhand von Pflanzen und Tieren nach, dass es in der Natur nichts Überflüssiges gibt; dass die Details hervorragend aufeinander abgestimmt sind; dass ein ‹Programm› vorliegt, das nachzuahmen dem Menschen jeweils nur stümperhaft gelingt; dass ‹jemand› mit höchster Präzision und Sinn für Harmonie am Werke gewesen sein muss. Was die Ausstattung betrifft, hat er zu jedem Beispiel ein ganzseitiges prächtiges Farbfoto beigetragen, das seine Auffassung anschaulich verdeutlicht.»

Ernst R. Hauschka in «Der Fels», 6/94

Die fünfzig Farbfotos dieses Buches sollen Einblicke gewähren in einige dieser Geheimnisse Gottes und seiner Schöpfung. Die zugehörigen kurzen Texte erläutern nicht nur, sondern regen zum Nachdenken, ja zur Meditation an. Das Staunen, nach Plato der Anfang aller Weisheit, kann dann nicht ausbleiben.

Zwischen Tier und Engel

Die Zerstörung des Menschenbildes durch die Biologie
199 Seiten, DM 19.-, Fr. 17.-, S 155

Der Autor legt hier eine engagierte Auseinandersetzung mit dem modernen Biologismus vor, der die Einmaligkeit und Sonderstellung des Menschen im Bereich des Lebendigen leugnet. Gerade neue Forschungsergebnisse der Natur- und Humanwissenschaften erweisen, wie Kuhn darlegt, dass das christliche Bild vom Menschen keineswegs dazu im Widerspruch steht, dass im Gegenteil die Biologie selbst bestätigen kann, dass der Mensch kein arriviertes Tier ist. Kuhn berücksichtigt z.B. neueste Forschungsergebnisse über tierisches Intelligenzverhalten, über Wesensunterschiede zwischen tierischer Kommunikation und Menschensprache und anderes mehr. Prof. Thürkauf würdigt in einem Vorwort die Arbeit Kuhns als Naturwissenschaftler und Philosoph.